国家林业和草原局普通高等教育"十三五"规划教材

木结构建筑设计

苏晓毅 编著

中国林业出版社

China Forestry Publishing House

内 容 提 要

本教材围绕木结构建筑设计的主要内容，从木结构建筑的历史及发展出发，系统地阐述了木建筑材料种类及特性、木建筑的结构形式及应用、木结构建筑的防护和木结构建筑的构造设计。通过了解不同种类木材的特性，把握设计中选材的基本原则，梳理并总结了不同的木建筑结构形式的设计要点、应用场所及其于建筑总高度和总层数要求，并从防火、防水防潮、防生物危害和防腐四个方面阐述了木材防护的主要方法及要点，同时针对木结构建筑的不同连接方式和构造设计，分析其使用方法、环境适应性以及结构的稳定性和可靠性。最后通过国、内外设计案例解析，展现了木结构建筑功能的丰富性以及在低碳、绿色、可装配领域的不可替代作用和在环境可持续发展中的重要贡献。

图书在版编目(CIP)数据

木结构建筑设计 / 苏晓毅编著. -- 北京 : 中国林业出版社, 2020. 11
国家林业和草原局普通高等教育"十三五"规划教材
ISBN 978-7-5219-0844-2

Ⅰ. ①木… Ⅱ. ①苏… Ⅲ. ①木结构-建筑设计-高等学校-教材
Ⅳ. ①TU366. 2

中国版本图书馆 CIP 数据核字(2020)第 195436 号

中国林业出版社 · 教育分社

策划、责任编辑：杜 娟
电　　话：(010)83143557　83143627　　　传　　真：(010)83143516

出版发行　中国林业出版社(100009　北京市西城区德内大街刘海胡同 7 号)
　　　　　E-mail:jiaocaipublic@163.com　电话:(010)83143500
　　　　　http:// www.forestry.gov.cn/lycb. html
经　销　新华书店
印　刷　北京博海升彩色印刷有限公司
版　次　2020 年 11 月第 1 版
印　次　2020 年 11 月第 1 次印刷
开　本　889mm×1194mm　1/16
印　张　8
字　数　250 千字
定　价　68. 00 元

前　言

　　木材具有绿色环保和可持续发展的特性，有利于营造健康、和谐的人居空间，伴随着我国经济的高速发展和人们生活水平的不断提高，木结构建筑的需求日益增长。技术的不断开发和进步，使得木结构建筑为人们提供了更加绿色、舒适安全的新体验，也为建筑设计和设计师们提供了更广阔的创作空间。因此，系统地学习掌握木结构建筑设计的基本知识，了解木结构建筑的历史和技术前沿有助于设计师发现木材的特性，通过发挥和应用设计语言赋予建筑设计更丰富的内涵。

　　本书为国家林业和草原局普通高等教育"十三五"规划教材，教材围绕木结构建筑设计的主要内容，从木结构建筑的历史及发展出发，系统地阐述了木建筑材料种类及特性、木建筑的结构形式及应用、木结构建筑的防护和木结构建筑的构造设计。最后通过国内外设计案例解析，展现了木结构建筑在低碳、绿色、可装配领域发挥的不可替代作用和在环境可持续发展中的重要贡献。

　　第1章通过对于中、外木结构建筑的起源、特点、现状和发展的讲述，把握未来木结构建筑的发展方向及应用特点；第2章通过不同种类木材的特性，帮助了解设计中选材的基本原则；第3章通过木建筑不同结构形式的讲解，帮助掌握不同结构形式木建筑的设计要点及应用场合；第4章通过对防护方法的学习，加深对于木材及木结构建筑的保护意识；第5章通过木建筑连接方式、节点构造及受力特征的讲解，学习木结构建筑的细节设计。在论述基本知识的同时，介绍了部分涉及木结构设计的现行国家标准和行业标准，既方便教师教学，也便于学生自学。

　　本教材涉及众多工程实例，资料翔实，图文并茂，既有理论指导性，又有实践性，可作为高等院校相关专业教学用书，也可作为相关领域工程技术人员、研究人员和学生使用的参考书。

　　本教材在编写过程中得到南京林业大学、加拿大木业协会、日本木材出口协会和上海融嘉木结构房屋工程有限公司等单位的支持，在此表示衷心感谢。感谢我的研究生张夏丰为本书所做的部分资料整理工作，感谢中国林业出版社杜娟编辑在本书出版过程中的辛苦付出。

苏晓毅

2020 年 8 月

目　录

第 *1* 章

木结构建筑的历史及发展

本章提要

了解木结构的历史和发展是学习木结构建筑设计的基础。从古到今，伴随着经济和技术的发展，木建筑在人类活动的各个领域发挥着重要的作用。本章通过对于中、外木结构建筑的起源、特点、现状和发展的讲述，使学生在充分了解历史的基础上，把握木结构建筑未来的发展方向及应用特点。

1.1 中国木结构建筑的历史

1.2 外国木结构建筑的历史

1.3 现代木结构建筑发展趋势

1.1 中国木结构建筑的历史

1.1.1 历史回顾

木结构是中国传统建筑的精髓,具有悠久的历史。我国是世界上最早使用木结构建造房屋的国家之一。考古发现,早在旧石器时代晚期,已经有古人类"掘土为穴"(穴居)和"构木为巢"(巢居)的原始营造遗迹。分别代表两河流域文明的浙江余姚河姆渡遗址和西安半坡遗址则表明,早在7000至5000年前,中国古代木结构建造技术已达到了相当高的水平(图1-1至图1-3)。浙江余姚河姆渡的干栏木构被誉为华夏建筑文化之源,是中国已知的最早采用榫卯技术构筑木结构房屋的实例(图1-4)。到了殷代,已经创造了由横梁和直柱构成的木构架房屋(图1-5,图1-6)。

图1-1 浙江余姚河姆渡
遗址建筑复原

图1-2 浙江余姚河姆渡遗址现状
(距今约7500年前)

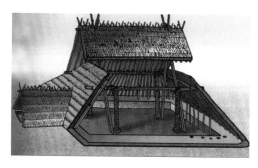

图1-3 西安半坡遗址木结构复原图
(距今约5000年前)

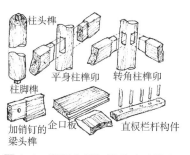

图1-4 浙江余姚河姆渡遗址榫卯
技术构筑的用法

图1-5 河南安阳殷墟遗址中的柱体

图1-6 河南安阳殷墟木构架房屋复原图

秦汉时期我国木构架建筑趋于成熟，已经形成穿斗式和抬梁式的木建筑体系，并沿用至今。唐代时期出现了很多大面积、大体量的木建筑和建筑群，从现有遗存唐朝时期的建筑来看，当时木建筑的大木作已经部分规格化，解决了大面积、大体量的技术问题，并已定型化，体现出很好的技术和施工水平。唐长安大明宫是自秦以来规模最大、档次最高、木建筑最为精湛的宫殿群。含元殿为大明宫的正殿，公元 662 年开始营建，整个建筑群呈巨大的"凹"字形(图 1-7)。含元殿体量巨大，气势壮丽，是最能反映唐代气魄的宫殿，后毁于战火。

我国传统木结构建筑兴于秦汉，盛于唐宋，至明清时期，木结构建筑发展已至巅峰。明清时期建筑更加精美，建筑类型也产生了分化，留下了大量的建筑实体，故宫为世界现存规模最大最完整的木

图 1-7　大明宫含元殿复原图

结构建筑群(图 1-8)。木结构和构造方面，明代形成了新的定型木构架，斗拱的作用不断减弱，梁柱的整体性加强，清代的斗拱尺寸减小，基本以装饰为主，已没有唐宋斗拱承重的功能(图 1-9，图 1-10)。

图 1-8　世界最大最完整的木结构建筑群——故宫全景图

图 1-9　明清建筑斗拱尺寸减小

图 1-10　斗拱逐渐变为装饰功能

中国现存的木结构建筑实物最早可追溯至唐朝中后期，自辽宋各代，遗留建筑实物逐渐增多，以下介绍几个著名案例。

(1) 山西应县木塔

为我国现存最高最古老且唯一一座木构塔式建筑，建于辽清宁二年 (1056 年)，金明昌六年 (1195 年) 增修完毕。塔高 67.31m，底层直径 30.27m，呈平面八角形 (图 1-11)。全塔耗材红松木料 3000m³，逾 2600t，纯木结构，无钉无铆。

(2) 山西南禅寺大殿

始建年代不详，重建于唐建中三年 (782 年)。宋、明、清时期经过多次修葺，为中国现存最古老的一座唐代木结构建筑。面宽和进深都是三间，内部一个大间，单檐歇山顶建筑，屋顶舒缓，斗拱雄大疏朗，出檐深远，是典型的唐代建筑风格，外观豪放古朴。殿内 17 尊唐塑佛像为唐代珍品 (图 1-12，图 1-13)。

(3) 明长陵祾恩殿

现存规模最大的木结构单体建筑为明长陵祾恩殿，始建于宣德二年 (1427 年)，是中国为数不多的大型楠木殿宇，规模大，等级高。整座殿宇没有用一根钉子，完全靠榫卯连接，是十三陵中规模最大，唯一保留至今的陵殿。顶部为重檐庑殿式，面阔九间 (通阔 66.56m)，进深五间 (通深 29.12m)，祾恩殿面阔尺寸超过了故宫的太和殿 (图 1-14)。

(4) 山西五台山佛光寺大殿

全国重点文物保护单位，佛光寺东大殿于公元 857 年建成。东大殿采用梁柱木结构作为框架，柱子承重，已接近于现代框架结构。庑殿式屋顶，屋檐出挑近 4m，坡度平缓，使得建筑舒展平稳。殿身与屋顶之间的斗拱硕大，在整个立面中的尺度感和重量感特别突出，具有很好的结构作用和装饰效果。柱子向内倾，倾斜度由里向外依次加大，起到了稳定大殿的作用 (图 1-15)。

图 1-11　山西应县木塔

图 1-12　山西南禅寺大殿

图 1-13　山西南禅寺大殿彩塑

图 1-14　明长陵祾恩殿

图 1-15　山西五台山佛光寺大殿

1937 年著名建筑学家梁思成、林徽因夫妇带领中国营造学社调查队在寻访唐代木构建筑的旅程中，找到了深山之中的佛光寺。佛光寺的发现使得中国不存在唐代木构建筑的说法被完全否定，在当时甚至现在看来，都是建筑史上一件极具标志性意义的大事件。佛光寺现为中国现存排名第二早的木结构建筑，仅次于五台县的南禅寺。

（5）太和殿

太和殿，俗称"金銮殿"，是明清帝王举行重要活动的场所，是紫禁城内体量最大、等级最高的建筑物。面阔十一间，进深五间，长 64m，宽 37m。重檐庑殿顶，檐下密布斗拱，三层汉白玉石雕基座，室内装饰豪华（图 1-16）。太和殿于明永乐十八年（1420 年）建成，建成后屡遭焚毁，多次重建，今为清康熙三十四年（1695 年）重建后的形制。

除了以上宫殿及重要的寺庙、单体建筑外，木结构民居建筑在我国分布极为广泛，风格各异，也是我国古代建筑中的文化瑰宝（图 1-17 至图 1-20）。

图 1-16　太和殿外观

图 1-17　老北京四合院

图 1-18　贵州西江苗寨

图 1-19　湖南凤凰古城

图 1-20　皖南民居

我国古代还有很多木桥、木栈道等木结构工程。考古发现，早在秦始皇时期已存在跨越渭河的木桥，据古桥残存立木推测桥体长约300m，宽达20m，这座巨型木桥是迄今为止发现的两千年前世界上最高大的木桥，该木桥体现了古代劳动人民高超的聪明智慧和技术水平，在古代都城考古尤其是世界桥梁建筑史和交通史等方面，都具有重要的研究价值。

位于四川省甘孜藏族自治州新龙县乐安乡境内的"悬臂桥"，堪称桥梁史上的奇迹，被誉为"康巴第一桥"。悬臂桥至今已有600多年的历史，全长125m，单孔跨度60m，气势雄伟壮观，是康巴地区现存最完整的全木结构桥，也是四川省的四大名桥之一。桥最杰出地方是两个桥墩中部用4~6根圆木撑成拱形，圆木长度自下而上逐步递增，形成两个悬挑臂，然后在悬臂上架梁铺板，构成桥身，整座桥没用一颗钉、一块铁，每个结合部位均用木楔连接（图1-21）。

图1-22　广西程阳永济桥

1.1.2　构架体系

中国古建筑从原始社会开始，即以木构架为其主要结构方式，秦汉时期就有着完整的木构架体系。在这一体系的发展中，又有抬梁式、穿斗式、井干式、干栏式四种不同的结构方式。

（1）抬梁式

抬梁式是在立柱上架梁，梁上立短柱，短柱上再立短梁，所以称为"抬梁式"（图1-23）。这种木构架能取得较大的室内空间，常在宫殿、坛庙、寺院等大型建筑物中应用。

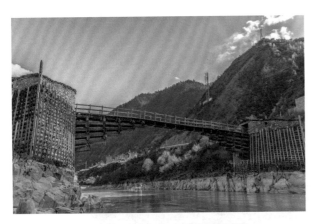

图1-21　甘孜新龙县乐安乡悬臂桥

建于民国元年（1912年）的广西程阳永济桥横跨林溪河，为石墩木结构楼阁式建筑。桥体主要由木料和石料建成，有2台3墩4孔，墩台上建有5座塔式桥亭和19间桥廊，亭廊相连。该桥集廊、亭、塔三者于一身，是侗寨风雨桥的代表作，也是目前保存最好、规模最大的风雨桥，是中国木建筑中的艺术珍品（图1-22）。

我国现存的古代木结构是中华民族的瑰宝，是中国历史发展的印记，见证着我国古代建筑及工程技术的精湛和工匠技艺的卓越，是值得学习、传承、丰富和发展的传统文化。

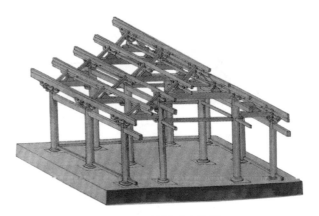

图1-23　抬梁式木构架

抬梁式优点：可采用跨度较大的梁，以此减少柱子的数量，取得较大的空间。

抬梁式缺点：木材用料大，用料要求较高，适应性受限。

（2）穿斗式

穿斗式是用穿枋把柱子串起来，形成一榀一榀的屋架，檩条直接搁置在柱头上。在沿檩条方向，再用斗枋把柱子串联起来，形成一个整体框架（图1-24）。

穿斗式优点：构架用料小，整体性强，省工、省料，便于施工，较为经济。

穿斗式缺点：柱子排列密，只有当室内空间尺度不大时（如居室、杂屋）才能使用。

（3）井干式

井干式结构是一种不用立柱和大梁的中国房屋结构。这种结构以圆木或矩形、六角形木料平行向上层层叠置，在转角处木料端部交叉咬合，形成房屋四壁，在森林资源覆盖率较高地区或环境寒冷地区有较广的应用（图1-25）。

井干式优点：搭建简单，材质肌理原始粗犷，有原木的温暖感和美感。

井干式缺点：木材消耗量较大，在木材尺寸和围护结构开设门窗上受较大限制，通用程度不如抬梁式构架和穿斗式构架。

（4）干栏式

用木柱将居住的建筑面架空，形成脱离地面的平台，平台上为建筑的墙体，通常为两层。下层放养动物或堆放杂物，上层住人。考古发现最早的干栏式建筑是河姆渡干栏式建筑，古时流行于南方部落的居住区（图1-26）。

干栏式优点：使房子与地面隔离而达到有效的防潮效果，抗震性能好，能有效利用下部空间。

干栏式缺点：结构较为复杂、建造成本较大、实际使用面积较小。

上述四种体系各有优缺点，最为广泛应用的还是抬梁式和穿斗式。当人们逐渐发现抬梁式和穿斗式各自的优点后，出现了两者相结合使用的房屋，即两头靠山墙处用穿斗式构架，以较密集的柱梁横向穿插结合，辅以墙体，增强抗风能力。而中间使用抬梁式构架，使空间开敞、庄重，用大梁联系前后柱，大梁上又抬起上部梁架。这样的混合式构架既可增加室内使用空间，又不必全部使用大型木料，在我国皖南和江浙一带的民居建筑常可见到（图1-27）。

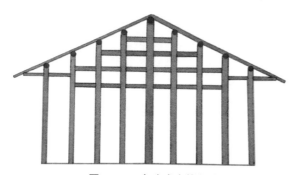

图1-24　穿斗式木构架

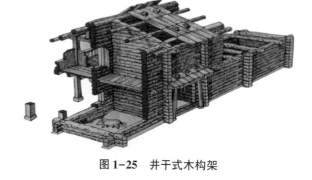

图1-25　井干式木构架

图1-26　干栏式木建筑

图1-27　混合式构架示意图

1.1.3　构造及其他成就

除了构架体系外，中国古代木建筑的结构和构造做法丰富多样，主要分为大木作和小木作。

（1）大木作

中国古代建筑中的大木作指的是建筑中主要结构的承重构件，包括柱、梁或枋、檩、椽以及斗拱等构件，大木作构件是木建筑比例尺度和形体外观的重要决定因素。

大木作中的斗拱在中国木构架建筑的发展过程中起过重要作用，它的演变是中国传统木构架建筑形制演变的重要标志，也是鉴别中国传统木构架建筑年代的重要依据。斗拱的演变大体可分三个阶段。第一阶段为西周至南北朝：西周铜器上已有大斗的形象，战国中山国墓出土的铜方案上有斗和斜置拱的形象。在汉代的明器陶楼和画像砖等文物中，可以看到有斗拱的出现，这一时期，各个斗拱间互不相连（图1-28）。第二阶段为唐代至元代：斗拱的主要特点在于柱头斗拱所承托的梁多插入斗拱中，使斗拱和梁架拉结在一起，斗拱成为各交叉

处的加强节点（图1-29）。第三阶段为明代至清代：柱头间使用大、小额枋和随梁枋，斗拱的尺度不断缩小，间距加密（图1-30）。

另外，"大木大式"和"大木小式"指的是清式大木做法的两种类型。大式建筑主要用于坛庙、宫殿、苑囿、陵墓、城楼、府第、衙署和官修寺庙等组群的主要、次要殿屋，属于高等级建筑。小式建筑则用于民宅、店肆等民间建筑和重要组群中的辅助用房，属于低等次建筑。

"大式"建筑开间可到9间，特例可用到11间，进深可到11架，特例到13架。"小式"建筑开间只能做到三五间，进深一般以3~5架居多。"大式"建筑可用各种出廊方式，而"小式"建筑只能用到前后廊，不许做周围廊。"大式"建筑可以用各种屋顶形式和琉璃瓦件，"小式"建筑只能用硬山、悬山及卷棚做法，不能用庑殿、歇山，不能做重檐，不能用筒瓦和琉璃瓦件。"大式"建筑可以用斗拱，也可以不用。"小式"建筑不能用斗拱。在梁架构件中，"大式"建筑增添了飞椽、随梁枋、角脊、伏脊木等构件。

图1-28　西周青铜器上斗拱

图1-29　唐代斗拱

图1-30　清代斗拱

（2）小木作

小木作指的是中国古代传统建筑中非承重木构件的制作和安装，包括建筑中的装饰构件处理，如门、窗、天花（藻井）和栏杆、家具、陈设等。

在中国古代木建筑的发展历史中，无论大、小木作都离不开传统的榫卯结构，榫卯的连接方式丰富多彩，广泛用于建筑和家具中。建筑构件之间以榫卯相连接，构成富有弹性的框架，是我国在木结构史上的另一重要贡献（图1-31）。

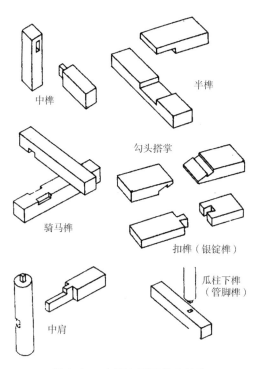

图 1-31　丰富多彩的榫卯结构

我国木结构建筑历史悠久，在理论和实践上也有很高造诣。五代末、北宋初建筑工匠喻皓著有《木经》，是我国历史上第一部木结构建筑手册，后失传。北宋沈括在《梦溪笔谈》中有简略记载，《木经》对建筑物各个部分的规格和各构件之间的比例作了详细具体的规定，一直为后人广泛应用。《木经》的问世不仅促进了当时建筑技术的交流和提高，对后来建筑技术的发展有很大影响。李诫编著的《营造法式》一书，有一部分上就是参照《木经》编撰的。

《营造法式》编于熙宁年间（1068—1077年），成书于元符三年（1100年），是李诫在喻皓的《木经》的

基础上编成的，是北宋官方颁布的一部建筑设计、施工规范的书籍，是我国古代最完整的建筑技术书籍。该书使得中国古代群体建筑的布局设计和单体建筑及构件的比例、尺寸的确定有法可依，各工种的用工计划、工程总造价的编制以及各工种之间的相互关系和质量标准有章可循，既便于建筑设计和施工顺利进行，也便于质量检查和竣工验收。

《营造法式》中规定建筑所用的木材规格，按木材横断面的大小，共分为八个等级（表1-1）。一等最高，八等最低，木材的广度和厚度之比一律为3：2。该书将古代建筑学的技术和工匠的经验相融合，提出"材、分"的模数制，为建筑设计的灵活性、装饰与结构的统一提供了巨大便捷性。这是模数制在我国建筑业最早的运用，并且作为一种法规被确定。《营造法式》对后世的建筑技术和标准化的发展也产生了深远的影响，标志了中国建筑文化的巅峰，对世界建筑界、木作工艺界都有着伟大贡献。

表 1-1　《营造法式》八等木材的规格及应用

木材等级	广度/寸	厚度/寸	建筑类别
一等	9	6	九至十一开间的大殿
二等	8.25	5.5	五至七开间的殿堂
三等	7.5	5	三至五开间殿、七开间堂
四等	7.2	4.8	三开间的殿、五开间的厅堂小
五等	6.6	4.4	小三开间殿、大三开间厅堂
六等	6	4	亭榭、小厅堂
七等	5.25	3.5	亭榭、小殿
八等	4.5	3	小亭榭、藻井

注：材、分模数制多用于大木作中复杂的部件，如斗拱、梁、柱等。

山西太原晋祠的圣母殿建于北宋天圣年间（1023—1032年），崇宁元年（1102年）重修，是我

国宋代建筑的代表作。殿面阔七间，进深六间，重檐歇山顶。殿堂梁架是中国现存古代建筑中唯一符合《营造法式》殿堂式构架形式的孤例，表现了北宋的建筑风格和审美意识，为我国古建国宝（图1-32）。

图1-32   山西晋祠圣母殿

清代为加强建筑业的管理，于雍正十二年（1734年）由工部编定并刊行了一部《工程做法则例》的术书，作为控制官工预算、做法、工料的依据。书中包括有土木瓦石、油画裱糊等17个专业的内容和27种典型建筑的设计实例。清工部《工程做法则例》和宋《营造法式》是研究中国建筑的两部重要著作。

1.1.4   现状及发展

我国在新中国成立初期，建设速度较快，由于木结构能就地取材且易于加工，建筑形式主要为砖木结构、木桁架等，由传统的施工工艺制作完成。20世纪70年代后，国家为了保护森林资源，一直提倡节约伐用，建筑主管部门专门发文限制在建筑中使用木材，要求以钢代木、以塑代木，木结构技术被排除在主流建筑之外，各大院校对木结构建筑的教育和研究也比较缺失，使得我国木结构建筑的研究与应用停滞了几十年，与国外拉开了很大的距离。

2000年以后，随着木材进口量的不断攀升，木结构建筑的应用也逐步得到重视。近十多年来，由于我国推行的人工速生林政策取得了明显的效果，加上木材的可再生性、低碳环保性、可持续性和可装配性等特点，我国政府出台了一系列相关政策鼓励和促进国内木结构建筑的发展，相关技术主

管部门也先后颁布实施了多项木结构设计规范与质量验收规范等标准，为木结构这种建筑体系在国内的发展带来了巨大契机。

随着与国外木结构材料和技术的交流合作，在学习国外先进的木结构建造技术的基础上，我国木结构建筑的应用已涵盖住宅、公共建筑以及园林景观等方方面面，已建成的轻型木结构房屋逾万例，分布遍及我国大部分地区，木结构产业链发展日趋完善。据调查，目前在上海、北京、深圳、大连、广州等大城市对于别墅型木结构房屋的需求大大增加。就全国范围来讲，已经在北京、上海、南京、苏州、杭州、西安等城市开发了许多木结构房屋示范项目，木结构建筑迎来了发展的春天，市场前景极为广阔。随着我国经济的高速发展、住房理念的变化，长期统治我国建筑市场的混凝土结构将被打破，一个以混凝土结构、砖混结构、木结构组成的多元格局将逐步形成。

另外，木结构建筑产业的兴起对我国林业产业的发展有着巨大的促进作用。大力发展木结构产业能够增加林业收入，提高林业产业的经济效益，实现林业发展方式的创新和转变，更好地发挥林业生态、经济、社会、碳汇和文化等功能，相信在我国，顺应绿色、环保、节能、低碳理念的木结构建筑一定有着更加美好灿烂的明天。

1.2   外国木结构建筑的历史

木头作为人类最初的建筑材料，由于其独特的材料特性和肌理效果，在全球范围内衍生出许多建筑风格并延续至今，本节以木建筑历史悠久且技术发展较快的国家和地区为例，梳理其历史及技术前沿的进展。

1.2.1   日本

以木建筑为主的日本传统建筑，在历史发展过程中，在接受中国建筑和西方建筑进入日本的同时，经过长期融合，形成了自己特有的风格，在世界建筑界占有一定地位。

日本很多重要的木结构建筑由复杂的斗拱接合起来，斗拱提供了极高的强度和适应能力，这一结

构特点使木构建筑可以承受住日本频繁发生的地震，许多建筑经历了岁月洗礼幸存下来。

在奈良县的法隆寺地区，约有 48 座佛教建筑，其中有一些建于公元 7 世纪末至 8 世纪初，是世界上现存最古老的木结构建筑。这些木结构建筑的重要性不仅仅在于它们展现了中国佛教建筑与日本文化的艺术融合，还在于它们标志着宗教史发展的一个重要时期，因为修建这些建筑时正是中国佛教经朝鲜半岛传入日本的时期。其西院伽蓝的中心建筑——金堂和五重塔，是日本 7 世纪建筑的代表，五重塔是日本最古老的塔，是唐朝时日本学习模仿大唐建筑的产物，反映了中国唐朝木结构宗教建筑的模式（图 1-33，图 1-34）。

东大寺位于奈良，是南都七大寺之一，距今约有 1200 余年的历史，是全世界最大的木造建筑，1998 年作为古奈良历史遗迹的组成部分被列为世界文化遗产（图 1-35）。

图 1-33　日本奈良法隆的金堂和五重塔

图 1-34　日本奈良法隆寺的五重塔

图 1-35　日本奈良东大寺

姬路城位于日本兵库县姬路市，是日本现存的古代城堡中规模最宏大，风格最典雅的一座代表性城堡。1993 年，姬路城作为文化遗产列入《世界遗产名录》。姬路城堡是 17 世纪早期日本城堡建筑保存最为完好的例子，整个城堡由 83 座建筑物组成，展示了幕府时代高度发达的防御系统和精巧的防护装置。这些建筑在保证了防御功能的同时也体现了极高的美学价值，是木结构建筑的典范之作。城堡的白色外墙、建筑物的布局和城堡屋顶的多层设计显得气势恢宏，在木结构上涂抹石膏有助于保护建筑物及居住者免受火灾，陶瓷屋顶瓦片也具有同样的功能(图 1-36)。

除各种寺庙、神社和城堡外，日本有很多居所和店居也是木结构的，这些房屋没有任何夸张的装饰，基本不超过两层高。干净的立面常常有着精致的木头雕刻细节。到第二次世界大战结束，在日本，无论是乡村还是城镇，几乎所有房屋都是木结构建筑(图 1-37，图 1-38)。

日本木结构民居的传统结构形式为梁柱式结构，最初是将木房屋的柱埋入土中进行固定，由于土中部分的木头容易腐朽，后逐渐将木柱移至基石之上。16 世纪末 17 世纪初，为了增加立柱的承重，将木结构的立柱支承于底座之上。底座由水平放置于地面的横木构成，分散了立柱下端对地基的集中负载，允许建造更高、支承重量更大的木结构建筑。

现代的日本梁柱式木结构与传统的梁柱式木结构相比，梁、柱的截面尺寸有所减小，立柱间的距离则逐渐增大，且越来越多地使用集成材等木质结构材料。据近年来的统计，无论是独立住宅还是公寓楼住宅，超过一半为木结构建筑，其中木框架剪力墙结构占比大于轻型木结构。从日本木结构住宅类型来看，梁柱式和木框架剪力墙占绝对比例，吸收了中国古代木结构的精髓，有着自己独特的风格和个性。

近年来，日本木材的保有量与日俱增，特别是柳杉、扁柏等国产材的开发技术日渐成熟。同时，对于大截面集成材的胶黏强度、防火、防腐和连接件的设计有很大突破，并出台了很多相关技术标准，使得公共建筑的设计更加丰富灵活(图 1-39，图 1-40)。

图 1-36   姬路城

图 1-37   鳞次栉比的木结构居所

图 1-38   传统木结构店居

图 1-39   日本现代木结构住宅

图 1-40   日本现代木结构公共建筑空间

日本的木结构建筑业的强盛，得益于森林木材资源的丰富。第二次世界大战后日本进行了大力度的人工造林，随着每年森林积蓄量（森林资源量）的快速增加，大量树木已进入成熟期，通过发展木造建筑行业，能够振兴木材产业。另一方面，日本有非常强的木造传统，木造技术发达，工厂预制加工能力强，社会分工成熟，非常适合发展木材及木造建筑产业，每年新建木质结构住宅占新建住宅总数的比例基本维持在 50% 左右，日本的国土交通省和林野厅等部门也从法律法规、机构建设等多方面保障和促进木结构建筑发展。

1.2.2　欧洲

（1）西欧

西欧在技术革新方面有着辉煌的历史，早期在木构建筑上的成就很大程度上被砖石建筑所掩盖，其后又因为他们对钢、混凝土和玻璃的革新而使得木构建筑进一步被人遗忘。目前最早的木构建筑仅存于教堂、传统住宅和火车站中。

木材曾经是西欧主要的建筑材料，西欧盛产硬木，例如橡树、白蜡木、榉树、榆树和栗树，这些树种比针叶树更加耐火耐潮湿，表皮也不需要特别的保护措施，其中橡树的运用最为广泛。位于英国埃塞克斯的格林斯泰德教堂是世界上最古老的木制教堂，法国翁弗勒的圣凯瑟琳教堂的木屋顶构架代表了西欧木屋架的基本型制（图 1-41）。

在德国，木构建筑的历史可以追溯到最早有纪录的年代。哥特人早在公元 350 年就有木匠组成的独立贸易公会。在英格兰，木材一直到 17 世纪末都是主要的建筑材料。绝大多数的英格兰城镇，其中包括伦敦，基本由木构建筑组成。

西方建筑史的主线是以砖石结构为主的宗教建筑，但在民间，以木结构为主的居住建筑一直没有间断过。西欧民居的木结构建筑通常被描述为"半木结构"，用来指代那些木结构外露的建筑。在木结构框架之间填充的板材一般会采用砖或者抹灰篱笆墙，半木结构法国、德国的中世纪城镇建筑中常可见到，英国的半木结构建筑则多见于都铎时期（图 1-42 至图 1-44）。

图 1-41　法国翁弗勒的圣凯瑟琳教堂

图 1-42　德国半木结构民居建筑

图 1-43　法国半木结构民居建筑

图 1-44　英国都铎时期的半木结构民居建筑

图1-45　德国柏林埃斯马赫大街3号

图1-46　德国 KAMPA innovation center
（坎帕创新中心）

图1-47　伦敦东区的9层木质公寓

西欧在工业革命以后，由于建筑材料和技术不断革新，使得玻璃、钢和混凝土得到广泛应用，一定程度上影响了木结构建筑的发展，近十多年来现代木结构的应用也逐步得到重视。

正交胶合木（Cross Laminated Timber，CLT）是一种全新的木构工法，源自欧洲的德国，奥地利及瑞士。正交胶合木（CLT）结合新科技新思维，开拓了木材前所未有的可能性，正交胶合木（CLT）可取代混凝土运用于都市的高楼。2008年以来，德国已建成多个多高层木结构建筑，涵盖了住宅、办公和其他公共建筑等类型。德国还设有生态住宅研究所、门窗研究所等，专门从事生态材料和木住宅的研究和设计的机构。特殊构造及结构的使用，使得木材的使用更加广泛，外立面也比传统木结构建筑具有更大的灵活性，如德国柏林埃斯马赫大街3号和德国 KAMPA innovation center（坎帕创新中心）均采用了正交胶合木（CLT）的木构工法（图1-45，图1-46）。

位于伦敦东区的木质公寓 Shoreditch 于2009年正式使用，是当时全世界最高的现代木质建筑（图1-47），公寓共9层，内部的楼板、承重墙、楼梯甚至电梯核心筒用的材料都是正交胶合木板（CLT），随后 CLT 材料建造的高楼在全球各地被广泛推广。

（2）北欧

北欧的建筑遗产大多是木结构建筑，广阔的针叶林横跨整个东欧和挪威海岸，形成了很有识别性的建筑特色。北欧五国是维京人的后裔，自从10世纪以后，逐渐从多神崇拜转为基督信仰。于是不少教堂拔地而起，在北欧各地建立。北欧的古老教堂融合了维京文化的特色，其中各种木板教堂就是其中的代表，为世界建筑的艺术宝库。

挪威乌尔内斯木板教堂（Urnes Stave Church）坐落于乌尔内斯，始建于12世纪，1979年被联合国教科文组织列为必须加以保护的世界文化遗产之一，是挪威现存的28座古木板教堂中最著名的一个（图1-48）。

博尔贡木板教堂（Borgund Stave Church）约建于1180—1250年，是挪威现存28座木板教堂中保存最完好的一座。教堂以木结构而知名，从建筑风格可以看出罗马风的石头语汇被引入到木构体系中来。教堂屋顶呈倾斜型，内部古朴典雅，木结构的雕刻及整体布局彰显着当地的独特文化（图1-49）。

木板教堂是维京建筑遗产的重要组成部分，挪威是北欧唯一拥有保存完好中世纪木板教堂的地方，其他北欧国家如瑞典、芬兰等也有很多木结构教堂。

基律纳大教堂是瑞典最大的木结构建筑之一，建于1907—1912年，教堂的表面是新哥特式风格，祭坛是新艺术运动风格，曾被评为瑞典最佳外观的教堂和瑞典1950年前最重要的建筑（图1-50）。

佩泰耶韦西老教堂位于芬兰中部，建于1763—1765年，整个建筑由原木建成。教堂糅合了文艺复兴的教堂风格和哥特式建筑风格，是北欧地区木质教堂的代表（图1-51）。

图1-48　挪威乌尔内斯木板教堂

图1-49　挪威博尔贡木板教堂

图1-50　瑞典基律纳大教堂

图1-51　芬兰佩泰耶韦西老教堂

北欧传统的农场住宅也经常采用木结构，在农村广袤的土地上，小木屋成为一种独特温馨的建筑语言（图1-52）。

近年来，北欧国家80%~90%的独户住宅均为木结构建筑，多高层装配式木结构建筑也日益成为主导，如挪威卑尔根城镇住宅（图1-53）。2019年3月完工的挪威Mjstrnet大楼为目前世界最高的木质建筑。Mjstrnet大楼建筑总高度达到85.4m，大楼共18层，建筑面积超过11300m²，内部包括住宅单元、酒店、餐厅、办公室和游泳池，大楼的电梯井、楼梯和地板等均使用了正交胶合木（CLT）（图1-54）。

（3）东欧

从远东到西伯利亚再到乌拉尔山脉，在北纬60°以南，俄罗斯几乎都被森林覆盖，俄罗斯的森林面积占全球森林面积的22%，占国土面积的50.7%，森林覆盖率达到45.2%，居世界第一位。俄罗斯中北部丰富的森林资源使当地人可用木材修建大量的教堂、城市建筑和乡村建筑。

如今的俄罗斯城市中的建筑多是以石头为主，但作为一个以乡村为基础的农业社会，其乡村建筑绝大多数都是木质。

俄罗斯遗留下来的木建筑古迹并不多，大多存在于俄罗斯边远地区或者俄罗斯最北部的地区，建于18—19世纪的基日岛和诺夫哥罗德很具代表性（图1-55至图1-58）。

图1-52　传统挪威农场住宅

图1-53　挪威卑尔根城镇住宅

图1-54　挪威Mjstrnet大楼

图1-55　俄罗斯基日岛主显圣容大教堂

基日岛（Kizhi Island）面积只有 5km²，却拥有古老而丰富的木质建筑文化遗产，保存着 83 座极具历史感的古木建筑，包括教堂、钟楼、农舍、风车、谷仓等建筑类型，整个岛被联合国列为世界文化遗产，被俄罗斯人称作"没有屋顶的博物馆"。

主显圣容教堂是基日岛上最大的建筑，建于 1714 年，是俄罗斯保存至今的最著名的古代木教堂，被联合国教科文组织列为世界文化遗产。教堂用银白色的欧洲山杨木建成，高 37m，分为 3 层，有 22 个洋葱形状的穹顶。每个穹顶都饰有小木瓦片和一个十字架。整个教堂没有用钉子，通过木板条之间的狭槽相互嵌合在一起（图 1 - 55，图 1-56）。

诺夫哥罗德木建筑博物馆位于诺夫哥罗德沃尔霍夫河畔，建于 1964 年。由 20 多座 14—19 世纪的木建筑组成，有教堂、农家等建筑，是从当时原封不动地迁移保存下来的。木架构的传统民宅和木结构的教堂堪称精美绝伦（图 1-57，图 1-58）。

近年来俄罗斯以出口木材为主，现代木结构建筑的发展并不突出，值得欣慰的是，俄罗斯民族木建筑的手工及传统至今仍然存在着，而且民族手工艺者仍然在传承和创造着民间木建筑的精华，保护着俄罗斯村庄的风貌（图 1 - 59，图 1-60）。

图 1-56　主显圣容大教堂屋顶

图 1-57　诺夫哥罗德木建筑博物馆教堂

图 1-58　诺夫哥罗德木建筑博物馆木屋

图 1-59　俄罗斯基日岛原木农庄

图 1-60　俄罗斯基日岛原木农庄细部

1.2.3　北美

北美的木结构建筑兴起于 16 世纪资本主义萌芽时期，19 世纪，随着锯木厂和蒸汽动力圆锯的产生，加工出大量的规格材，使得轻质木框架结构得到发展。1833 年，在美国芝加哥发明了一种被称为"芝加哥房屋"的轻质木框架房屋，房屋结构可靠、构件合理、施工简便、使用舒适并经久耐用。这种始于 19 世纪和 20 世纪早期的木结构住宅至今仍是美国住宅中的主流。

轻质框架房屋在 19 世纪后期和 20 世纪早期是最常用的方法，后来逐渐演变成平台框架房屋。从 20 世纪 40 年代后期开始，平台框架开始占主导地位，如今，它代表了加拿大建筑业的常规做法，在加拿大，木结构住宅的工业化、标准化和配套安装技术已非常成熟。

从 300 多年前移民北美的欧洲殖民者将传统木结构建筑技术带到北美到现在，北美地区（主要是美国和加拿大）已有 90% 以上的住宅（包括独立住宅、联体住宅和多层公寓）以及相当数量的低层商业建筑都采用木结构，木材成为北美住宅建筑和低层商业建筑主要的建材（图 1-61 至图 1-63）。

近年来，加拿大在高层建筑和大型公共建筑中也做了很多尝试，很多建筑采用正交胶合木（CLT），并取得良好效果。UBC 大学 53m 高的学生公寓楼是目前加拿大最高的木结构建筑。温哥华会展中心的扩建内部使用了大量木材，建筑的最大屋顶净跨度为 55m，巨大的木制穹顶令建筑显得气势恢宏（图 1-64）。

20 世纪 80 年代至今是国际上木结构发展最快的时期。木材具有质量轻、强度高、美观、加工性能好等特点。从实木、原木结构到胶合木结构，再到复合木结构，木结构已经达到可以替代钢材的程度。

图 1-61　美国传统木结构住宅

图 1-62　北美平台框架房屋

图 1-63　北美现代木框架房屋外观

图 1-64　加拿大温哥华会展中心

图 1-65　加拿大温哥华拟建
Canada Earth Tower 40 层

图 1-66　英国伦敦拟建 Oakwood Tower
80 层 304.8m

图 1-67　美国芝加哥 80 层滨河木塔

图 1-68　美国旧金山大型木构住宅

在亚洲的日本，欧洲的芬兰、瑞典，北美的美国、加拿大等发达国家，在居住建筑中已普遍推广现代木结构住宅，形成了三足鼎立之势，建筑风格、结构体系、营造方式均有各自特色，是目前世界木结构建筑的先进代表。

日本、美国的加州、我国台湾等国家和地区将木结构建筑作为防震、抗震的重要措施。在这些林业发达国家，木结构相关的大量研究与应用促进了森林资源采伐和利用的良性，形成了成熟的森林管理体系。各种新型材料、新技术得到广泛应用，建筑科技水平已相对成熟，除了建造一些新颖别致的木质别墅外，木结构正向着公共建筑、多层和高层混合结构建筑方向发展（图 1-65 至图 1-68）。

1.3　现代木结构建筑发展趋势

当全球面临生态环境问题时，运用生态的、可持续发展的建筑材料建造房屋成为时代的主题。木结构建筑对人类具有亲和力，不仅提供了舒适宜人的居住环境，更为重要的是，它是可再生资源，能够满当下对生态和可持续发展的要求以及人类回归自然的情愫。

近年来，木结构的发展应用呈现以下几个特点：

一是，木结构产品生产的标准化和规格化，生产效率提高，轻型木结构即代表了这一特点。轻型木结构所用规格材和木基结构板，都是标准化和规格化的工业产品，可以大批量生产，价格低廉，施工效率高。

二是，人工改良的木材即工程木的发展及其结构应用，LVL、CLV 等胶合木等工程木产品代表了这一发展趋势，适合于建造大型的复杂木结构建筑。

三是，混合结构的技术成熟及应用带来木结构建筑在高度上的不断突破，能在建筑的可持续发展和节能环保上作出更好的探索。

四是，各国针对各自不同的情况对于木材的防火、防腐以及结构等技术和标准不断探索和完善，已有较为成熟的技术保证，使得木结构建筑朝着更加健康和安全的方向发展。

木结构建筑的研究与应用在世界各国呈现欣欣向荣的景象，利用木材建造可持续发展的、有利于环境保护的建筑，营造健康、和谐的人居空间将是越来越多的设计师追求的目标，随着工程木技术的不断开发和进步，木结构正在向着大跨度、高层和超高层方向发展，木结构建筑将为人们提供更加绿色、舒适安全的建筑新体验。

小结

中、外木建筑历史上由于气候、生活习惯和经济的

差异，呈现出不同的特点。较有代表性的是亚洲的中国、日本，欧洲部分国家，北美的美国和加拿大，虽然体系不同，特点各异，但就发展而言，均呈现出缤纷多彩和欣欣向荣的景象。木材具有绿色环保和可持续发展的特性，有利于营造健康、和谐的人居空间。随着工程木技术的不断发展和进步，木结构建筑将为人们提供更加绿色、舒适安全的新体验。

思考题

1. 简述中国木建筑的历史成就。
2. 对比中国和日本木建筑的异同。
3. 现代木结构的发展趋势有哪些？

延伸阅读

1. 王其钧. 中国建筑图解辞典[M]. 北京：机械工业出版社，2007.

2. 威尔·普赖斯. 木构建筑的历史[M]. 杭州：浙江人民美术出版社，2016.

3. 赵广超. 不只中国木建筑[M]. 北京：生活·读书·新知三联书店，2006.

4. 傅朝卿. 西洋建筑发展史话[M]. 北京：中国建筑工业出版社，2005.

第 2 章

木建筑材料种类及特性

本章提要

木材因易于取得，加工容易，自古以来就是主要的建筑材料。本章首先讲解木材的构造及各项性能，介绍木材的分类，通过了解不同种类木材的特性，把握设计中的选材基本原则，为后面的设计学习奠定基础。

2.1 木材的相关概念

2.2 常用木材的种类

2.3 木材的分类及应用

2.4 木材的选材要求

2.1　木材的相关概念

2.1.1　木材的概念

木材是能够次级生长（发生或发展的次序不是最初的，由分化或成长的后期产生）的植物，如乔木和灌木所形成的木质化组织。这些植物在初生生长结束后，根茎中的维管形成层开始活动，向外发展出韧皮，向内发展出木材。木材是维管形成层向内的发展出植物组织的统称，包括木质部和薄壁射线。

2.1.2　木材的构造

木材主要有三个切面：横切面、径切面和弦切面（图2-1）。横切面是与树干长轴相垂直的切面，亦称端面或横截面。径切面顺着树干长轴方向，通过髓心与木射线平行或与生长轮相垂直的纵切面。弦切面是顺着树干长轴方向，与木射线垂直或与生长轮相平行的纵切面。

树木由树皮、形成层、木质部和髓心四大部分组成（图2-2）：

①树皮：树木的外层或外壳，用于保护树木免受真菌、昆虫、林火的侵害。树皮的内层，又称韧皮，起着将合成的养分从叶（针叶）运往形成层、再运往树木其他部位的作用。

②形成层：位于树皮与木质部之间多汁、黏稠状的薄层，形成层通过细胞分裂，树木形成新生组织，向外分生韧皮细胞形成树干，向内分生木质细胞构成木质部。

③木质部：位于髓心和树皮之间，是木材使用的主要部分。通常在木质部的构造中，接近树干中心的部分呈深色，称为心材。心材靠近髓心，轴向薄壁组织内含的淀粉和糖类不存在或已转化成心材物质的内部木材，其主要功能是为树木提供机械支撑；靠近树干外侧颜色较浅的部分，称为边材。边材中包含有生活细胞和储藏物质的木材部分，含水率一般较大，主要功能是为树木从树根到树冠传导树液。

④髓心：或树心，为柔软絮状内核，通常位于树木横切面的中心或接近中心的部位，代表树木初始生长的位置。是木材第一年生成的部分，质地疏松脆弱，强度低，容易腐蚀和被虫蛀蚀，易开裂。髓心有时会形成偏心构造，使木材组织不均匀，要求质量高的用材部分，不允许带有髓心。

在树木之横切面上，由髓心至树皮，沿半径方向作辐射状走向的细胞组织，称为髓线。生长轮又叫作年轮，树木形成层在每个生长周期所形成并在树干横切面上所看到的围绕着髓心的同心环。

另外，木材还有早、晚材之分。早材是指一个年轮中，靠近髓心部分的木材。在年轮明显的树种中，早材的材色较浅，一般材质较松软、细胞腔较大、细胞壁较薄、密度和强度都较低。晚材是指一个年轮中，靠近树皮部分的木材。材色较深，一般材质较坚硬、结构较紧密、细胞腔较小、胞壁较厚，密度和强度都较高（图2-3）。

图2-2　木材的结构1

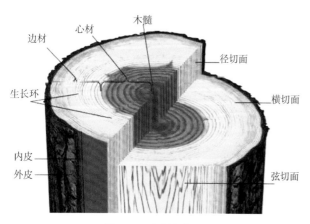

图2-1　木材剖切图

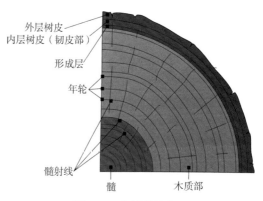

图2-3　木材的结构2

2.1.3 木材的性能

2.1.3.1 物理性能

（1）木材含水率

木材含水率通常指木材内所含水分的质量占其烘干质量的百分比。木材中的水分保存于两个位置：细胞壁内为吸附水；细胞间隙为自由水（毛细管水）。当木材中仅细胞壁内充满水，达到饱和状态，而细胞间隙中无自由水时，此时的含水率称为纤维饱和点，一般为 25%~35%，它是木材强度、胀缩、导电性等材性变化的转折点。

含水率可分为绝对含水率和相对含水率：

绝对含水率 $W = [（含水木材质量-绝干材质量）/绝干材质量]×100\%$

相对含水率 $W_0 = [（含水木材质量-绝干材质量）/含水木材质量]×100\%$

木材按含水率分类可分为湿材、生材、气干材、窑干材和绝干材。湿材是指长期浸在水中的木材，其含水率高于生材。生材是指刚采伐的木材，其含水率 50% 以上。气干材是指在空气中天然干燥的木材，其含水率取决于空气湿度，含水率在 12%~18% 之间，平均为 15%。窑干材是指将木材放在干燥窑中干燥到气干材以下的程度，其含水率为 4%~12%。绝干材也称全干材，是指放入烘箱烘至含水率为零的木材。

（2）木材湿胀干缩性

木材具有湿胀干缩性，木材含水率在纤维饱和点以下时，随水分的增加或减少会改变其尺寸大小及性能。

干缩：木材从纤维饱和点起，继续干燥，附着水蒸发，木材收缩，直到绝干材为止，这一过程称为干缩。

湿胀：木材从绝干状态起，吸湿或吸水，木材膨胀，直到纤维饱和点为止，这一过程称为湿胀。

平衡含水率：木材的含水率与周围空气相对湿度达成平衡时，称为木材的平衡含水率。此时木材的尺寸不再变化，所以木材的使用与环境的温度、湿度密切相关。

在不计环境湿度的条件下，木材控制在 15%

的含水率称标准含水率。

（3）木材密度

木材密度通常指单位体积木材的质量，分为基本密度和绝干密度：

基本密度=试件绝干材质量/试件饱和水分体积

绝干密度=试件绝干材质量/试件绝干材体积

密度大的木材，其力学强度一般较高，因此，在选择建筑用材时，尽可能选择密度大的木材。

（4）木材导热性

在 1992 年国家标准中，规定导热系数不大于 $0.12W/(m·K)$ 的材料称为保温材料，而大多数木材的导热系数都在 0.12 左右，可算为保温材料。

（5）木材导电性

木材的导电性很小，绝干材几乎是不导电的。

（6）木材传声性

木材传声性是指木材吸收、扩散和透射声波的能力。传声性与木材的密度、弹性模量、含水率、纹理方向等有关。在礼堂、剧院和音乐厅的内部装修中，常利用木材的传声性提高厅堂的音质效果。

2.1.3.2 化学性能

（1）化学组成

纤维素、木质素和半纤维素是构成木材细胞壁的主要成分，此外还有脂肪、树脂、蛋白质、挥发油以及无机化合物等。

（2）耐腐蚀性

木材对酸碱有一定的抵抗力，对氧化性能强的酸，抵抗力差；对强碱，会产生变色、膨胀、软化而导致强度下降。一般液体的浸透对木材的影响较小。

2.1.3.3 力学性能

木材在物理力学性质方面都具有特别显著的各

向异性。顺木纹受力强度最高，横木纹最低，斜木纹介于两者之间。木材的强度还与取材部位有关，例如树干的根部与梢部、心材与边材、向阳面与背阳面等都具有显著的差异。此外，无疵病的清材与疵病(木节、斜纹、裂缝等)的木材之间差异更大。影响木材力学性质的因素有含水率、密度、温度、长期荷载和自身缺陷等。

(1)抗拉强度

木材顺纹受拉破坏，往往木纤维未被拉断，而纤维间先被撕裂。顺纹抗拉强度是木材所有强度中最大的，约为顺纹抗压强度的 2~3 倍，抗弯强度的 1.5 倍。木材的疵点(木节、斜纹等)对顺纹抗拉强度影响很大，因此，在杆件为顺纹抗拉杆件时，应尽可能避免选用有疵点的木材。

木材横纹抗拉强度很小，仅为顺纹抗拉强度的2.5%~10%，在受力构件中不允许木材横纹受拉。

(2)抗压强度

①顺纹抗压：木材顺纹受压破坏是木材细胞壁丧失稳定性的结果，而非纤维的断裂。木材顺纹抗压强度较高，仅次于顺纹抗拉与抗弯强度，且木材的疵点对其影响甚小，因此这种强度在土木工程中利用最广。

②横纹抗压：这种受压作用，使木材的细胞腔被压扁，产生大量变形。开始时变形与外力成正比，超过比例极限时，细胞壁失去稳定，细胞腔被压扁。木材的横纹抗压强度以使用中所限制的变形量来决定，通常取其比例极限作为横纹抗压强度极限指标。横纹抗压强度一般为顺纹抗压强度的10%~20%。

(3)抗弯强度

木材受弯曲时，内部应力复杂，在梁的上部受到顺纹抗压、下部为顺纹抗拉时，在水平面和垂直面中则产生剪应力。木材受弯时，受压区首先达到强度极限，出现小皱纹，但不立即破坏，随着外力增大，受压区皱纹扩展，产生大量塑性变形，受拉区达到强度极限时，纤维本身及纤维间联结断裂而导致破坏。

木材顺纹抗弯强度很高，为顺纹抗压强度的1.5~2 倍，所以在土木工程中应用很广。

(4)抗剪强度

①顺纹抗剪：这种受剪作用，绝大部分纤维本身不破坏，而只破坏剪切面中纤维间的联结。所以顺纹抗剪强度很小，为顺纹抗压强度的 15%~30%。木材中疵病对其影响显著。

②横纹抗剪：这种受剪作用，是剪切面中纤维的横向联结破坏，因此横纹抗剪强度比顺纹抗剪强度还低。

③横纹切断：这种剪切破坏是将木材纤维横向切断，因此这种强度较大，为顺纹抗剪强度的4~5倍。

2.1.3.4　影响木材强度的主要因素

(1)含水率的影响

含水率在纤维饱和点以上变化时，木材强度不变；在纤维饱和点以下时，随含水率降低强度增大，反之则强度减小。

含水率的变化，对抗弯和顺纹抗压影响较大，对顺纹抗剪影响小，对顺纹抗拉几乎无影响。

(2)负荷时间的影响

木材对长期荷载的抵抗能力与暂时荷载不同，在长期荷载作用下木材产生蠕滑，最终产生大量变形。木材在长期荷载作用下不引起破坏的最大强度，称持久强度，一般为极限强度的50%~60%。

(3)温度的影响

木材随温度升高，强度降低。

(4)疵点(病)的影响

木材的疵点主要有木节、斜纹、裂纹、腐朽和虫害等。木节分活节、死节、松软节、腐朽节等，活节影响较小；裂纹、腐朽、虫害等会造成木林构造的不连续性或组织破坏，严重影响木材的力学性质。

2.2　常用木材的种类

木材种类按树种主要分为针叶树材和阔叶树材两大类。建筑的承重构件多采用针叶材。阔叶材主要用作板销、键块和受拉接头的夹板等重要配件。

针叶树，如杉木、红松、白松、黄花落叶松等，树干直而高大，纹理顺直，易加工，其表观密度小，强度较高，胀缩变形小，是建筑工程中的主要用材。

阔叶树，如桦、榆、水曲柳等，大多数为落叶树。树干通直部分较短，其表观密度较大，易胀缩、翘曲、开裂，常用作室内装饰、次要承重构件、胶合板等。

常用木材分为国产木材和进口木材。

（1）国产木材

①东北落叶松：包括兴安落叶松和黄花落叶松（长白落叶松）两种；

②铁杉：包括铁杉、云南铁杉及丽江铁杉；

③西南云杉：包括麦吊云杉、油麦吊云杉、巴秦云杉及产于四川西部的紫果云杉和云杉；

④西北云杉：包括产于甘肃、青海的紫果云杉和云杉；

⑤红松：包括红松、华山松、广东松、海南五针松；

⑥冷杉：包括各地区产的冷杉属木材，有苍山冷杉、冷杉、岷江冷杉、杉松冷杉、臭冷杉、长苞冷杉等；

⑦栎木：包括麻栎、槲栎、柞木、小叶栎、辽东栎、栓皮栎等；

⑧青冈：包括青冈、小叶青冈、竹叶青冈、细叶青冈、盘克青冈、滇青冈、福建青冈、黄青冈等；

⑨桐木：包括柄果桐、泡桐、石栎、茸毛桐（猪栎）等；

⑩锥栗：包括红锥、米槠、苦槠、罗浮锥、大叶锥栗（钩栗）、栲树、南岭锥、高山锥、吊成锥、甜槠等；

⑪桦木：包括白桦、硕桦、西南桦、红桦、棘皮桦等。

（2）进口木材

①花旗松—落叶松类：包括北美黄杉、粗皮落叶松；

②铁—冷杉类：包括加州红冷杉、巨冷杉、大冷杉、太平洋银冷杉、西部铁杉、白冷杉等；

③铁—冷杉类（北部）：包括太平洋冷杉、西部铁杉；

④南方松类：包括火炬松、长叶松、短叶松、湿地松；

⑤云杉—松—冷杉类：包括落基山冷杉、香脂冷杉、黑云杉、北美山地云杉、北美短叶松、扭叶松、红果云杉、白云杉；

⑥俄罗斯落叶松：包括西伯利亚落叶松和兴安落叶松。

2.3 木材的分类及应用

木材因取得和加工容易，自古以来就是一种主要的建筑材料，工程中所用的木材主要取自树木的树干部分。

工程用承重结构用材，分为原木、锯材（包括方木、板材和规格材）和胶合木层板、结构复合木材和木基结构板。

（1）原木

原木（log）指伐倒并除去树皮、树枝和树梢的树干，分为直接使用的原木和加工用原木。直接使用的原木可用于建筑工程，如屋架、檩、椽等；加工用原木可用于制作胶合材、机械模型等（图 2-4）。

图 2-4 原木

（2）锯材

锯材（sawn lumber）由原木锯制而成的任何尺寸的成品材或半成品材（图 2-5）。

图 2-5　原木加工锯材示意图

（3）方木

方木（square timber）指直角锯切且宽厚比小于 3 的、截面为矩形或方形的锯材（图 2-6）。

图 2-6　方木

（4）板材

板材（plank）指宽度为厚度 3 倍或 3 倍以上矩形锯材（图 2-7）。

图 2-7　板材

（5）规格材

规格材（dimension lumber）指轻型木结构设计（主要是北美系列）中，木材截面的宽度和高度按规定尺寸加工的规格化木材（图 2-8，图 2-9，表 2-1 至表 2-3）。常用作轻型木结构建筑中的墙骨柱、楼盖格栅、屋盖椽条以及过梁等结构构件。

图 2-8　规格材

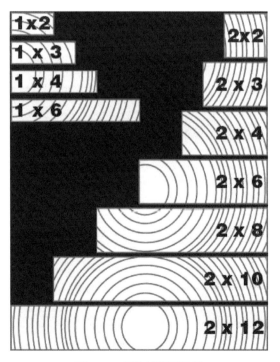

图 2-9　规格材截面示意

表 2-1　北美地区轻型木结构常用规格材尺寸表

名义(毛)尺寸(in)	实际(净)尺寸(in)	实际(净)尺寸(mm)
2×2	1 1/2×1 1/2	38×38
2×3	1 1/2×2 1/2	38×64
2×4	1 1/2×3 1/2	38×89
2×6	1 1/2×5 1/2	38×140
2×8	1 1/2×7 1/4	38×184
2×10	1 1/2×9 1/4	38×235
2×12	1 1/2×11 1/4	38×286

注：名义尺寸，在进行干燥和最终处理之前的生材尺寸；

　　实际尺寸，经过干燥和刨光处理之后的实际尺寸。

表 2-2　国内常用规格材截面尺寸表

宽(mm)×高(mm)	40×40	40×65	40×90	40×115	40×140	40×185	40×235	40×285
宽(mm)×高(mm)	—	65×65	65×90	65×115	65×140	65×185	65×235	65×285
宽(mm)×高(mm)	—	—	90×90	90×115	90×140	90×185	90×235	90×285

注：1. 国内规格材表格中用材均为含水率不大于20%，由工厂加工的干燥木材尺寸。

　　2. 当进口规格材截面尺寸与国内表格尺寸相差不超过2mm，应与其相应规格材等同使用；计算时，应按照进口规格材实际截面进行计算。

表格来源：GB 50005—2017《木结构设计规范》表 B.1.1。

表 2-3　加拿大轻型木结构建筑中规格材常用规格及用途

规格材名称(in)	截面尺寸 宽(mm)×高(mm)	常见用途
2×2	40×40	木底撑、支撑杆、桁架腹板、轻骨架构件如管道系统、橱柜等
2×3	40×65	
2×4	40×90	墙骨柱、顶/底梁板、地梁板、搁栅横撑
2×6	40×140	
2×8	40×185	搁栅、椽条、过梁、组合梁、楼梯梁和踏步
2×10	40×235	
2×12	40×280	

表格来源：https://canadawood.cn/。

（6）胶合木层板

胶合木层板(glued lamina)是用于制作层板胶合木的板材，是以厚度 20~45mm，含水率不高于15%的板材，沿顺纹方向叠层胶合而成，具有强度高，尺寸稳定，截面尺寸和形状多样化等优点，可以加工成很多不同形状的构件(图 2-10)。层板胶合板宜选用针叶材。接长时常采用胶合指形接头，经过窑干、刨切，并通过目测或机械分级划分为不同强度类别。

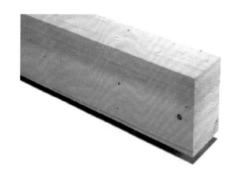

图 2-10　层板胶合木

胶合木层板既可用来制造直梁，也可用来制造弯梁。可以分同等组合结构(同一截面的所有层板均为一个强度等级)和异等组合结构(内、外层板为不同强度等级)的胶合木。组坯中高强度层板常用于抗拉强度较大的区域，而低强度层板常用于梁的横截面中间区域。

层板胶合木特别适合承受高应力或跨越较长距离的部件，如大跨度或大空间的拱、桁架、梁、柱等，层板胶合木必须满足尺寸稳定性和外观方面的严格要求。在欧洲，层板胶合木已经被广泛应用于建筑中达百年之久。

（7）结构复合木材

结构复合木材(Structural Composite Lumber)采用木质单板、单板条或木片等，沿构件长度方向排列组坯，并采用结构用胶黏剂叠层胶合而成，是专门用于承重结构的复合材料。包括旋切板胶合木(PSL)、平行板胶合木(LVL)、层叠木片胶合木(LSL)和定向木片胶合木(OSL)等，以及其他具有类似特征的复合木产品。

①旋切板胶合木(PSL)：将经选择的旋切木片

顺木纹胶合热压而成，由厚约 3mm、宽约 15mm 的单板条制成，纤维方向与长轴方向平行，常用厚度为 45~178mm（图 2-11）。平行木片胶合木由于运输问题，长度常控制在 20m，常用作大跨度结构，平行木片胶合木构件还能够胶合使用，以获得更大的横截面。由于其纹路肌理较为美观，可用于建筑外观有特殊要求的场合，常用作梁、过梁或柱构件使用。由于其有一定的空隙率，防腐剂的渗透较为容易，耐腐性较好，但也一定程度上降低了钉连接的性能。

图 2-12　平行板胶合木（LVL）

宽较短的薄木片定向铺装热压胶合而成的，常采用速生树种，如白杨制作。木片厚度 0.9~1.3mm，宽度 13~25mm，长度约 300mm。成品板材厚度 140mm，宽约 1.2m，长度约 14.6m（图 2-13）。可在长度和宽度方向做切割，用于制作过梁、梁、封边和封边格栅等构件。像 LVL 和 PSL 一样，LSL 具有可预测的强度和尺寸稳定性，但是强度稍逊，在轻型木结构房屋中有时用作封边搁栅和门窗过梁。

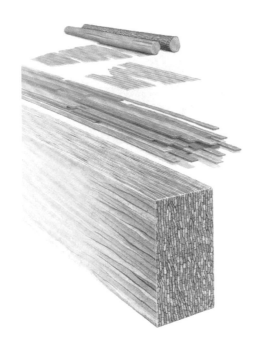

图 2-11　旋切板胶合木（PSL）

②平行板胶合木（LVL）：也称单板层积材，是以原木旋切制成厚度为 2.5~4.5mm 的单板，经干燥、涂胶后按顺纹或大部分顺纹组坯，再经热压胶合而成的板材。常用的树种有北美花旗松、落叶松、挪威云杉等。平行板胶合木成品厚度 19~90mm，宽度 63~1200mm，长度可达 24m，成品板含水率约为 10%（图 2-12）。

LVL 具有强度高、韧性大、稳定性好、规格精确等优点，在强度、韧性方面比实木锯材好，是替代实木理想的结构材。LVL 结构性能可靠，适用于建筑上暴露的构件，广泛用于集装箱垫木、梁、过梁和工字梁翼缘、建筑模板构件等。

③层叠木片胶合木（LSL）：由木材旋切出的较

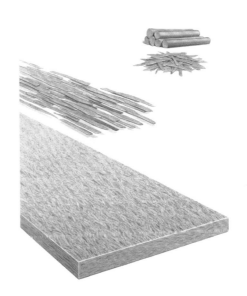

图 2-13　层叠木片胶合木（LSL）

④定向木片胶合木（Oriented Strand Lumber, OSL）：也称定向刨花层积材，是基于定向刨花板的制造技术，将面层和芯层分别按比例加厚，即可制成厚度 32mm、宽度为 3.6m、长度 7.4m 的定向刨花层积材。可以将垂直荷载传递至墙体，并能传

递因地震或强风所引起的侧向荷载。常用于轻型木结构房屋的楼盖、固定预制工字形搁栅的边框板及较短的大门横梁，定向刨花层积材的抗剪与抗弯的强度比均高于实木。

⑤正交胶合木（Cross Laminated Timber，CLT）：起源于欧洲，作为新兴的木结构产品，20 世纪 90 年代在奥地利和德国的住宅或公共建筑中开始应用。正交胶合木由厚度为 1.5~4.5mm、宽度 80~250mm 的层板，经相互叠层，正交组胚胶合而成，正交胶合木层数不应小于 3 层且不应大于 9 层。总厚度不应大于 500mm。相邻层板的顺纹方向互相正交垂直，每块层板在胶合前经过目测或机械分级。正交胶合木横截面层板必须对称分布，层板的纵向平接可用平接或指接方式（图 2-14，图 2-15）。

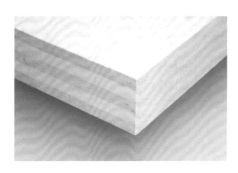

图 2-15　正交胶合木成品

成板常见尺寸为宽 3m、长 30m、厚度 50~500mm，正交胶合木具有优越的承载性能，包括对抗风和地震力的横向稳定性，以及良好的强度和耐火性能，常作为木结构建筑的墙体、楼盖和屋盖，适合中层、甚至高层建筑。目前国内外已建成的中高层木结构建筑中大多采用了 CLT 作为承重楼盖。

工程木种类较多，其常用尺寸、制作工艺要求、使用部位各有不同，下面就工程木的特点及其使用和要求进行梳理列表，详见表 2-4。

综上，结构复合木材能够满足小材大用，劣材优用，适用于大跨度的构件，通过去除原材料中的缺陷，生产出力学性能更加优良的材料，同时，工程木本身就有很好的美感，可提供设计师更多的创作空间。

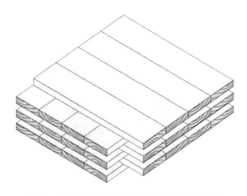

图 2-14　正交胶合木（CLT）叠层示意

表 2-4　工程木特点及其在使用部位和要求

工程木名称	常用尺寸	制作工艺要求	使用部位	优点	缺点
胶合木层板（glued lamina）	尺寸较为自由	20~45mm 厚板材，含水率小于 15%，顺纹方向叠层胶合	大跨度、大空间的拱、桁架、梁、柱	强度高，尺寸稳定，截面尺寸和形状可多样化	加工难度大，价格较高
旋切板胶合木（PSL）	成品长度可达 20m　厚度 45~178mm	由厚约 3mm、宽约 15mm 的单板条按照纤维方向与长轴方向平行顺木纹胶合热压而成	常用作梁、过梁或柱构件使用	防腐剂的渗透较为容易	钉连接的性能较弱
平行板胶合木（LVL）	长度可达 24m　宽 63~1200mm　厚度 19~90mm	原木旋切制成厚度为 2.5~4.5mm 的单板，涂胶顺纹热压而成	用于大梁、屋架过梁和工字梁翼缘、建筑模板及外露构件等	强度高、韧性大、稳定性好、规格精确	价格较高

（续）

工程木名称	常用尺寸	制作工艺要求	使用部位	优点	缺点
层叠木片胶合木（LSL）	长度约14.6m 宽度约1.2m 厚度140mm	较宽较短的薄木片定向铺装热压胶合而成。木片尺寸：厚度0.9~1.3mm，宽度13~25mm，长度约300mm	用于制作过梁、梁、封边和封边格栅等构件	可在长度和宽度方向做切割，具有可预测的强度和尺寸稳定性	强度稍逊。不适合用于大型构件
定向木片胶合木（OSL）	长度7.4m 宽度为3.6m 厚度32mm	由各种切削的木片叠合、施胶压制而成	常用于轻型木结构房屋的楼盖、固定预制工字形搁栅的边框板及较短的门横梁	抗剪与抗弯的强度较高	不适合用于大型构件
正交胶合木（CLT）	长30m 宽3m 厚50~500mm	由厚度为1.5~4.5mm，宽度80~250mm的板材相互叠层正交组胚胶合而成，厚度不应大于500mm	内外墙体、楼盖和屋盖，可外露，适合中层、甚至高层建筑	优越的承载性，横向稳定性，良好的强度和耐火性能	不能完全展现木材的质感

（8）木基结构板材

木基结构板材（Wood-based Structural Panels）包括结构胶合板和定向刨花板。木基结构板材可在轻型木结构中用作楼盖，屋盖和墙体的面板。作为结构构件，面板除了承载竖向重力荷载外，更主要起到传递和承载由风和地震荷载引起的侧向荷载，之所以称作结构板材，是为了区分不承重的非结构板材。

①结构胶合板（Plywood）：胶合板是由木段旋切成单板或由木方刨切成薄木，再用胶黏剂胶合而成的三层或多层的板状材料，通常用奇数层单板，并使相邻层单板的纤维方向互相垂直胶合而成。结构胶合板应满足正交、奇数和对称三个要求，以获得更好的力学性能。单板厚度一般不小于1.5mm，不大于5.5mm。表层纹理和成品板方向平行，可用于木结构楼面板和屋面板等构件（图2-16）。

②定向刨花板（OSB）：定向刨化板是一种多层木基结构构件，由各种切削的长100mm、厚度0.8mm、宽35mm的薄木片交错叠合、施胶压制而成，常用白杨、黄杨、南方松制成。OSB板可用作楼面板、屋面板和墙面板以及工字梁腹板等（图2-17）。

图2-16　结构胶合板

图2-17　定向刨花板

2.4 木材的选材要求

建筑承重构件用材一般要求树干长直、纹理平顺、材质均匀、木节少、扭纹少、能耐腐朽和虫蛀、易干燥、少开裂和变形、具有较好力学性能的木材,并应便于加工。

木材的选用需要对应 GB 50005—2017《木结构设计标准》中的要求。用于普通木结构的原木、方木和板材的材质等级分为三级;轻型木结构用规格材的材质等级按照目测分级和机械分级分为七级和八级。

2.4.1　木结构用材选择

对于木结构建筑而言,选材应特别注意含水率,制作构件时,木材含水率应符合下列要求:

①板材、规格材和工厂加工的方木不应大于 19%;

②方木、原木受拉构件的连接板不应大于 18%;

③作为连接件时不应大于 15%;

④胶合木层板和正交胶合木层板应为 8% ~ 15%,且同一构件各层木板间的含水率差别不应大于 5%;

⑤井干式木结构构件采用原木制作时不应大于 25%,采用方木制作时不应大于 20%,采用胶合原木木板制作时不应大于 18%。

在使用进口木材时,宜符合下列规定:

①应选择天然缺陷和干燥缺陷少、耐腐蚀性较好的树种。

②有经过认可的认证标志,认证等级应附有说明。

③应符合国家对木材进口的动植物检疫的相关规定。

④应有中文标识,并按国别、等级、规格分批堆放,不得混淆。贮存期间应防止霉变、腐朽和虫蛀。

⑤首次采用的树种,应严格遵守先试验后使用的原则,不得未经试验就盲目使用。

2.4.2　普通木结构

原木、方木和板材和普通胶合木层板分级时选材应根据 GB50005—2017《木结构设计标准》附录 A.1 和附录 A.2 的规定,不得采用商品材的等级标准替代。

木材的强度等级应根据选用的树种按标准中表 4.3.1-1 和表 4.3.1-2 的规定选用。主要的承重构件应采用针叶材,重要的木制连接件应采用细密、直纹、无节和无其他缺陷的耐腐的硬质阔叶材。

方木原木的构件设计时,应根据构件的主要用途选用相应的材质等级,应不低于标准中表 3.1.3-1 和表 3.1.3-2 的要求。

2.4.3　轻型木结构用规格材

轻型木结构用规格材标准采用目测法进行分级。分级时选材标准应符合标准附录 A.3 和表 3.1.6 和表 3.1.8 的规定并选择。目测分级的依据主要是材质等级,如细密、直纹、树结,天然缺陷等判定,机械分级的依据主要是根据弹性模量判定。

木材是重要的可再生的建筑材料,其节能、环保性能符合当今社会可持续发展的战略。由于我国森林覆盖率不高,近年来为了保护森林资源,维持生态平衡,许多林区逐渐禁止商业性砍伐,尤其是以东北的大、小兴安岭为主的林地,导致我国木材产量大幅度下降,难以满足市场需求。为解决我国木材的大需求量,近年来加大了木材的进口需求,从 2018 年中国进口木材地区分布来看:2018 年中国进口木材中俄罗斯占比 31%,北美占比 17%,新西兰占比 17%,其他占比 35%。

随着全球对生态环境的重视以及森林认证制度的推行,大力培育速生树种和扩大树种的利用是值得推广的有效途径。速生人工林从培育到成熟利用只需 10 ~ 50 年的时间,平均每公顷能年产 $20m^3$ 的木材,相当于每天可产 15kg 纤维素或 30kg 木材。应用现代林业科学技术,科学经营,合理采伐,完全可以使木材成为取之不尽、用之不竭的材料,以满足我国木结构建筑的快速增长。在开发速生树种的同时研究和引进先进的木材加工技术,充分利用现有资源,是我国木材应用及研究的趋势。

小结

　　木材是能够次级生长的植物，有其特定的构造特征和物理性能。不同种类的木材有不同的特性，包括常用工程木在建筑不同部位的也有不同点使用特点。另外，轻型木结构和工程木的使用在建筑设计当中的区别较大，木材应根据不同的使用场合及要求进行选择。研究和引进先进的木材加工技术，充分利用森林资源，是木材应用研究的趋势。

思考题

　　1. 什么是木材的绝对含水率和相对含水率？

　　2. 工程木在建筑不同部位的使用特点分别是什么？

　　3. 什么是规格材？规格材的使用要求有哪些？

延伸阅读

　　1. 谢力生 . 木结构材料与设计基础［M］. 北京：科学出版社，2013.

　　2. 费本华，刘雁 . 木结构建筑学［M］. 北京：中国林业出版社，2011.

　　3. 张宏建，费本华 . 木结构建筑材料学［M］. 北京：中国林业出版社，2013.

　　4. 刘雁，刁海林，杨庚 . 木结构建筑结构学［M］. 北京：中国林业出版社，2013.

　　5. GB 50005—2017 木结构设计规范［S］. 北京：中国建筑工业出版社，2018.

第 3 章

木建筑的结构形式及应用

本章提要

木建筑的结构形式很多，目前国内分为低层和多高层两种，结构形式可分为纯木结构和木混合结构。本章通过木建筑不同结构形式的讲解，帮助学生掌握不同结构形式木建筑的设计要点及应用场所。

3.1 纯木结构

3.2 木混合结构

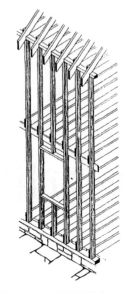

图 3-1 连续墙骨柱式建造法

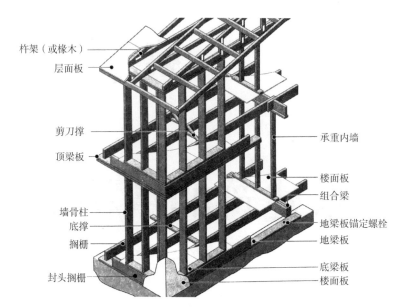

杆架（或椽木）
层面板
剪刀撑
顶梁板
墙骨柱
底撑
搁栅
封头搁栅

承重内墙
楼面板
组合梁
地梁板锚定螺栓
地梁板
底梁板
楼面板

图 3-2 平台式建造法

木结构建筑形式可分为纯木结构和木混合结构。纯木结构包括：轻型木结构、方木原木结构、胶合木结构(含木框架支撑结构、木框架剪力墙结构和正交胶合木剪力墙结构)。木混合结构主要分为上下混合木结构和混凝土核心筒木结构。

3.1 纯木结构

纯木结构(pure timber structure)是指承重构件均采用木材或木材制品制作的结构形式，包括轻型木结构、方木原木结构和胶合木结构。

3.1.1 轻型木结构

轻型木结构又称盒子框架，是用规格材及木基结构板材或石膏板制作的木构架墙体、楼板和屋盖系统构成的单层或多层建筑结构。轻型木结构建筑外墙一般都是承重墙，必须能够承载楼盖和屋盖传来的荷载。

轻型木结构分为平台式建造法和连续墙骨柱式建造法(图 3-1，图 3-2)。连续墙骨柱式建造法的外墙墙骨柱从基础到屋顶椽条是连续的，楼盖搁栅支承在板条上，墙体内的保温层可以从基础到屋顶连续布置。但墙体空腔内要设置防火挡

块，且较长的墙骨柱不便于现场施工安装，现已很少使用。

平台式建造法由于结构简单和容易建造而被广泛使用，其优点是楼盖和墙体可分开建造，可以使用小断面的规格材，已建成的楼盖可以作为上部墙体施工的工作平台，灵活的施工方法适合建造各种形状和风格的建筑(图 3-3)。

轻型木结构平台式建造法是北美地区常见独立小住宅的主要建造形式，由基础、墙体系统、楼板系统和屋盖系统组成。

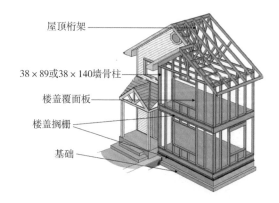

屋顶桁架
38×89或38×140墙骨柱
楼盖覆面板
楼盖搁栅
基础

图 3-3 轻型木结构房屋平台式建造法

（1）基础

轻型木结构建筑的下部基础，一般为钢筋混凝土基础，上部结构采用规格材搭建形成承重框架，承重框架与混凝土基础之间通过钢制螺栓固定连接（图 3-4，图 3-5）。

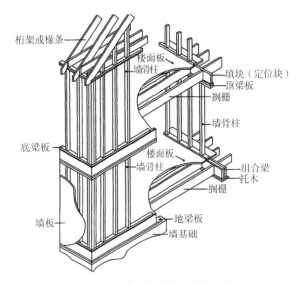

图 3-6　轻型木结构墙体框架

图 3-4　轻型木结构楼板搁置在钢筋混凝土基础上

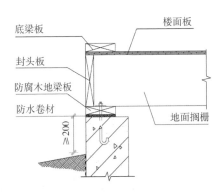

图 3-5　与混凝土基础连接大样

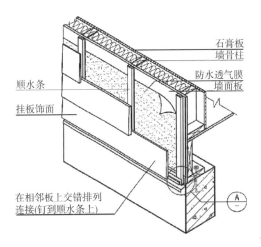

图 3-7　外墙挂板饰面墙体构造层次

（2）墙体系统

由墙骨、墙顶（底）板、过梁、外墙板、内墙板、外墙透气材料以及外墙挂板或粉刷层组成。木构件用作所有覆盖材料的受钉底层，并且同时支撑上面楼层、天花板和屋顶。墙体内腔为保温层并为管网敷设提供空间。外墙板与楼板、墙骨的牢固连接使房屋形成一个整体，具有良好的抗风和抗震能力。木结构框架的外侧钉贴 OSB 定向刨花板，外墙透气材料使墙体既能透气防潮又能抵抗雨水的冲击（图 3-6 至图 3-9）。

图 3-8　轻型木结构墙骨柱

图 3-9　外墙板与楼板、墙骨柱连接成一个整体

图 3-12　轻型木结构屋盖

（3）楼板系统

轻型木结构的楼板系统是由基木、横梁、梁、搁栅及 OSB（定向刨花板）组成，其特点是：墙体和楼板系统互相独立，工人以楼板系统为平台，组装及建造内外墙。墙体一次一层楼架设，并以此为平台，逐层建造。作为墙体框架组成部分的底板和顶板在楼板及天花板处还起到挡火的作用，并且可为墙面覆面板和内部装修提供钉固支撑（图 3-10，图 3-11）。

（4）屋盖系统

由经过计算的预制桁架组成，由于是工厂化制造，所以建造快速简便，成本优势明显。屋架系统有很好的保温通风特点，通风可以通过屋檐下的透气孔和山墙、透气窗解决。根据跨度，有些屋架可以直接从外墙跨到外墙，无需中间承重墙来承受屋顶荷载，为住户个性化的房屋布局提供了空间（图 3-12）。

综上可见，轻型木结构具有施工方便、材料成本低、结构自重轻、抗震性能好等优点。考虑到防火等原因，需在框架内侧或者外侧铺设防火石膏板，外观大都无法显露木材的天然纹理和材质，但可为室内外装修留下足够的弹性（图 3-13，图 3-14）。

图 3-10　轻型木结构楼板施工现场

图 3-13　轻型木结构无法显露木材天然材质

图 3-11　在楼板工作平台上的预制待装配墙体

图 3-14　轻型木结构室内装修风格较为自由

平台式框架结构体系的轻型木结构是分层建造的，已安装好的下层结构为上层结构施工提供了操作平台。单块墙板都是单层高度、尺寸不大、重量轻，施工过程中无须使用大型吊装设备，可以很容易地在其他地方预制或在楼面底板上直接安装（图 3-15，图 3-16）。

轻型木结构具有可以预制和装配的优点：①预制墙板：根据房间墙面大小可将墙体进行整体预制或分块预制成板式组件。预制墙板也分为承重墙体或非承重的隔墙。

②预制楼面板和预制屋面板：根据楼面或屋面的大小，可将楼面搁栅或屋面椽条与覆面板进行整体连接，并预制成板式组件。

③预制屋面系统：根据屋面结构形式，将屋面板、屋面桁架、保温材料和吊顶进行整体预制，组成预制空间组件。

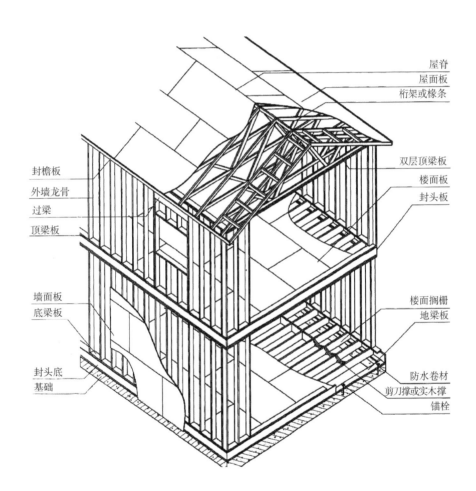

图 3-15　轻型木结构房屋体系及构件图

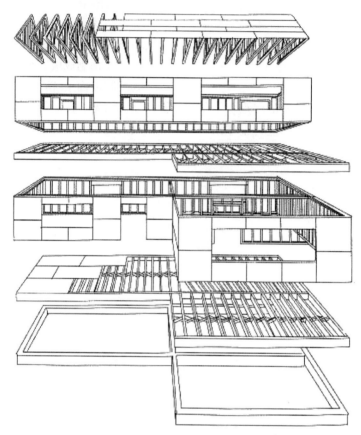

图 3-16　轻型木结构房屋分层示意图

④预制空间单元：根据设计要求，将整栋木结构建筑划分为几个不同的空间单元，每个单元由墙体、楼盖或屋盖共同构成具有一定建筑功能的六面体空间体系。在轻型木结构中，通过合理的设计和构造，借助现代的技术手段，可以扬长避短地发挥木材的特点和优势，例如专业防护、防火石膏板和消防设备等，可以解除人们对木材"易腐""易燃""不牢固"等问题的担忧。

在工厂除了可将轻型木结构建筑基本的单元制作成预制板式组件或预制空间组件，也可将整栋建筑进行整体制作或分段预制，在运输到现场后，与基础连接或分段安装建造。在工厂制作的基本单元，也可将保温材料、通风设备、水电设备和基本装饰装修一并安装到预制单元内，装配化程度很高，可实现更高的预制率和装配率。

3.1.2　方木原木结构

方木原木结构属于重木结构，是将木材加工处理堆砌卯榫而成，主要用于建筑墙体，一般全采用原木或方木。这种结构形式最大限度地减少了其他建筑材料的使用，室内、外均可突出木材自然温暖的质感和特征。原木结构一般适用于风景区、旅游景点的休闲场所或宾馆，现在也有很多利用胶合木拼接形成类似方木或原木结构的做法（图 3-17）。

方木原木结构木屋墙体转角有几种不同的建构方法：

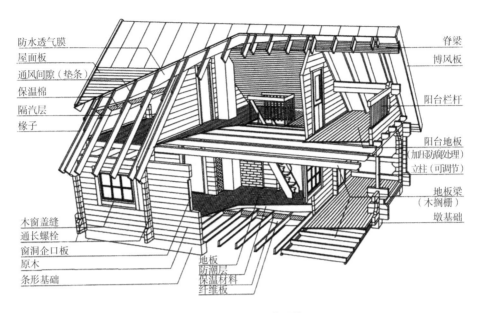

防水透气膜
屋面板
通风间隙（垫条）
保温棉
隔汽层
椽子

脊梁
博风板
阳台栏杆
阳台地板
（加固防腐处理）
立柱（可调节）
地板梁
（木搁栅）
墩基础

木窗盖缝
通长螺栓
窗洞企口板
原木
条形基础

地板
防潮层
保温材料
纤维板

图 3-17　原木结构房屋体系

（1）全堆砌结构

全堆砌结构（full-scribe）又称为无缝拼接结构（chinkless method）。选用自然或机械抛光的原木根据榫槽完全平行堆砌。在拐角处，根据原木形状，使用不同形式的上下堆砌拼接方式。如图用鸠尾榫头接合的全堆砌结构（图 3-18）。

（2）拼接式结构

拼接式结构（butt and pass）将原木平行堆砌，并在拐角处交错相顶，两边的墙体不出现上下高差错落（图 3-19）。

图 3-18　全堆砌结构

图 3-19　拼接式结构

（3）马鞍式接口

马鞍式接口（saddlenotch）在每一条原木下方开卡槽。在拐角处，每一条原木都紧密的卡在下面原木上。使用马鞍式接口的房屋在拐角处整齐连续一致（图3-20）。

（4）垂直柱结构

垂直柱结构（vertical corner post）在拐角处使用大型圆形原木竖直固定，其他作为墙面的原木与其垂直。在拼接处采用斜钉钉入，垂直柱的截面一般比作为墙面的原木截面大（图3-21）。

井干式木结构建筑除了接口连接方式的不同，在原木、方木或胶合原木的截面形式上也有不同的设计，可通过截面的变化使建筑室内外呈现出不同的效果（图3-22至图3-24）。

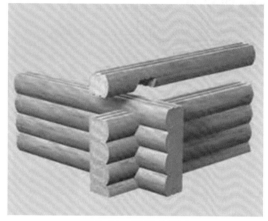

图3-20　马鞍式接口

图3-21　垂直柱结构

采用材料		截面形式				
方木		 70mm≤b≤120mm	 90mm≤b≤50mm	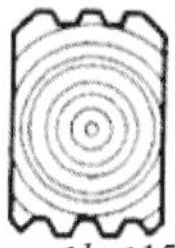 90mm≤b≤150mm	 90mm≤b≤150mm	 90mm≤b≤150mm
胶合原木	一层组合	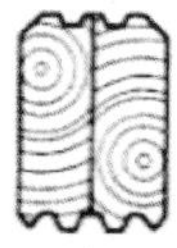 95mm≤b≤150mm	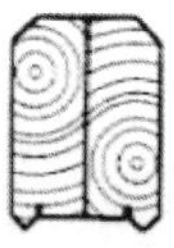 70mm≤b≤150mm	 95mm≤b≤150mm	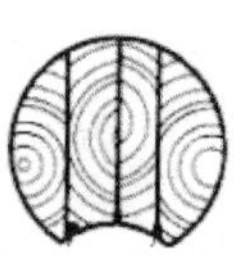 150mm≤φ≤260mm	 90mm≤b≤180mm
	二层组合	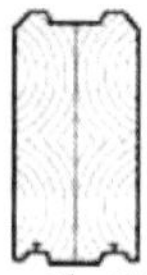 95mm≤b≤150mm	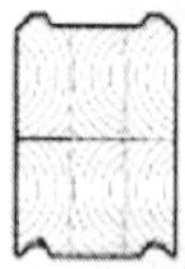 150mm≤b≤300mm	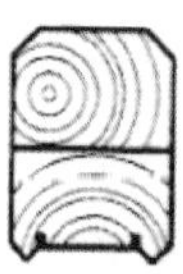 150mm≤b≤260mm	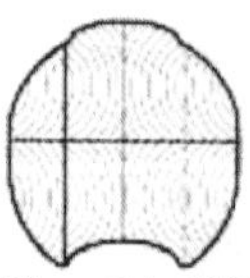 150mm≤φ≤300mm	
原木		 130mm≤φ	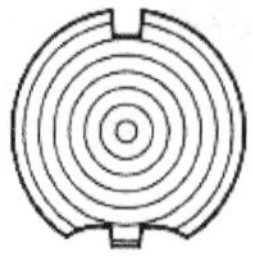 150mm≤φ			

b.截面宽度；φ.圆截面直径

图3-22　井干式木结构常用截面形式

图 3-23　原木房屋建筑外观的质朴

图 3-24　原木房屋室内可体现木材质感

方木原木结构建筑可在外立面和内部装饰设计上体现出木质材料的质感和古朴，室外体现和景观环境的充分融合，室内则可营造温馨浪漫的情调。

3.1.3　胶合木结构

胶合木结构（glued timber structure）是指用胶粘方法将木料与胶合板拼接形成尺寸、形状符合要求，具有整体木材效能的构件和结构。胶合木结构于 1907 年首先在德国问世，至 40 年代中期已发展成为现代木结构的一个重要分支，广泛应用于各种工程上。现代胶合木结构的发展随着环保节能观念的深入越来越受人们的关注。

胶合木结构除了具有普通木结构美观舒适、节能环保、保温隔热、抗震性能好的特点外，还有其独特的性能优势，如能够合理优化使用木材、方便工业化生产、结构形式多样、防火性能优良等。

胶合木结构属于重型木结构，主要指承重结构采用层板胶合木制作的单层或多层建筑结构，包括木框架支撑结构、木框架剪力墙结构、正交胶合木剪力墙结构。

（1）木框架支撑结构

木框架支撑结构（wood post-and-beam structure

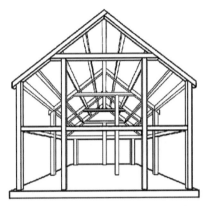

图 3-25　木框架支撑结构骨架示意

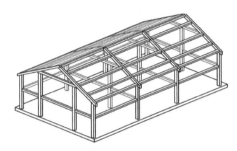

图 3-26　木框架支撑结构示意

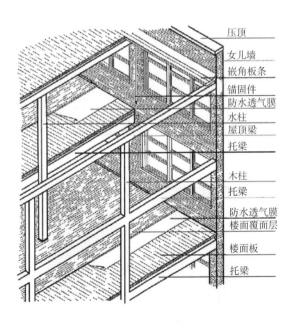

压顶
女儿墙
嵌角板条
锚固件
防水透气膜
水柱
屋顶梁
托梁
木柱
托梁
防水透气膜
楼面覆面层
楼面板
托梁

图 3-27　木框架支撑结构建筑细部

with bracing system）也称梁柱式木结构体系，中国和日本一直以来都是采用此结构体系。该体系采用梁柱作为主要竖向承重构件，支撑材料可为木材或其他材料，墙体不承重。由跨度较大的梁柱结构形式形成主要传力体系，并最后传递到基础，在公共建筑中经常使用（图 3-25 至图 3-27）。

梁柱系统由于结构构造的特点，不需要内部承重墙，所以可以允许更大的内部空间和层高。室内装修时梁柱常裸露，可凸显材料本身的特性，为室内增添自然美感（图 3-28 至图 3-30）。

图 3-28　木框架支撑结构外观

图 3-29　木框架支撑结构建筑室内裸露的梁架 1

图 3-30　木框架支撑结构建筑室内裸露的梁架 2

（2）木框架剪力墙结构

木框架剪力墙结构（post-and-beam srructure with wood shear wall system）是采用梁柱作为主要竖向承重构件，以剪力墙作为主要抗侧力构件的木结构形式。剪力墙可采用轻型木结构墙体或正交胶合木墙体。小型住宅剪力墙可用胶合板四角均衡配置，中大型的在建筑物内部常用正交胶合木为剪力墙均衡配置，利于抗震。住宅梁柱断面一般不大，室内装修梁柱可裸露，日本由于地震频繁，常采用此类结构形式（图 3-31 至图 3-34）。

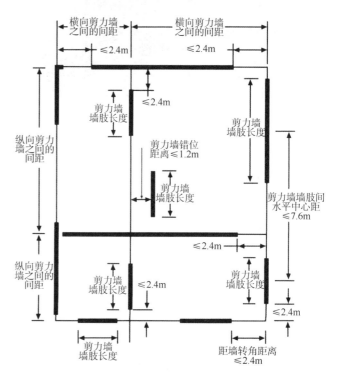

图 3-31　木质剪力墙平面图

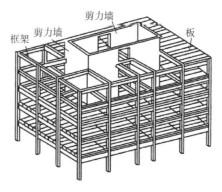

图 3-32　木框架剪力墙结构示意

图 3-33　加钉胶合板的木质剪力墙

图 3-35　CLT 剪力墙施工现场

图 3-34　完工后的木框架剪力墙住宅

图 3-36　CLT 剪力墙住宅

（3）正交胶合木剪力墙结构

正交胶合木（CLT）质量轻，具有很强的承重能力，在纵向和横向组合应用中都可以作为一种重要的承重材料。采用正交胶合木剪力墙（cross laminated timber shear wall structure）作为主要受力构件的木结构形式常用于大型或是高层木结构建筑中。正交胶合木（CLT）是欧洲引进的新型工程木材料，强度很高，可以用来替代混凝土材料，大块的 CLT 可以直接切口后作为建筑的外墙、楼板等，构件预制化程度高，可极大提高工程的施工效率（图 3-35，图 3-36）。

CLT 作为一种建筑材料与其他材料一起，在建造中使用连接件和紧固件共同保证了整体结构较强的抗震能力。同时，当有火灾发生时，CLT 木板材料表层会以一定的速率缓慢碳化并能较长时间地维持内部原有的结构强度，以保证结构的安全性。

伦敦的 Bridport House 项目是英国完全由正交胶合木搭建的第一个纯木高层建筑，由于地基下部有下水道斜穿，使得采用混凝土结构受到限制（图 3-37，图 3-38）。项目采用了正交胶合木 CLT 剪力墙结构，因 CLT 自重更轻并更具稳定性，保证了建筑高质量的竣工并实现了建筑防水等要求，达到了环境的可持续性发展目标。

胶合木除了以上常见的结构形式外，还可利用胶合木的特性制作各种异形承重结构，在桥梁以及很多大型公共建筑上实现体量及造型的变化，有较强的艺术感染力（图 3-39 至图 3-42）。

图 3-37   英国哈克尼，布里德波特
（Bridport）集合住宅项目

图 3-38   集合住宅立面细节

图 3-39   异型胶合木具有较强的艺术感染力

图 3-40   加拿大斯阔米什游客探险中心

图 3-41   菲律宾麦克坦-宿雾国际机场二号航站楼

图 3-42   加拿大东部最长的木桥，采用胶合木梁

3.2   木混合结构

木混合结构是由木结构构件与钢结构构件或钢筋混凝土结构构件混合承重，并以木结构为主要结构形式的结构体系，包括上下混合木结构及混凝土核心筒木结构。

3.2.1   上下混合木结构

木混合结构中，下部采用混凝土结构或钢结构，上部采用纯木结构的结构体系称为上下混合木结构。其中，上部的木结构类型可以是轻型木结构、木框架结构、木框架剪力墙结构或正交胶合木剪力墙结构。目前，我国借鉴欧美经验，上部为轻型木结构的建筑最高可达 6 层，也有建筑改造加层采用木结构的做法。下部的混凝土结构部分通常用于商业和办公等用途，而上部木结构部分则可用作住宅。这种混合结构建筑具有实用、高效和经济等优点（图 3-43，图 3-44）。

3.2.2　混凝土核心筒木结构

　　木混合结构中，主要抗侧力构件采用钢筋混凝土核心筒，其余承重构件均采用木质构件的结构体系的称为混凝土核心筒木结构（timber structure with concrete tube）可以是纯木框架结构

或正交胶合木剪力墙结构木质结构体系。

　　如加拿大 BC 省温哥 Brock Commons 学生公寓，楼高 53m，共 18 层。Brock Commons 是全球第一栋超过 14 层的混合建筑，混合采用了重木、轻钢和混凝土多种结构形式。建筑的首层是混凝土结构，外加两个混凝土核心筒，其余 17 层由 CLT 楼板和胶合木梁组合而成（图 3-45，图 3-46），外立面挂板的制作材料 70% 是木纤维。该建筑混凝土核心筒主要起到了逃生通道和整体建筑抗震的作用。建筑主体结构大部分为木材，整体混合采用了不同结构形式以达到经济上的最优化。

图 3-43　混凝土建筑上部增加轻质木框架结构

图 3-44　加层采用木结构

图 3-45　施工中的 Brock Commons 学生公寓

图 3-46　Brock Commons 学生公寓外观

木结构建筑结构形式丰富多样，随着技术的不断发展，除了传统的低层木结构建筑，多高层木结构建筑在世界各国迅猛发展。多高层木结构的发展，得益于木材科学的发展，与传统木结构主要采用原木和方木相比，现代木结构更多地采用工程木产品。

表 3-1　多高层木结构建筑适用结构类型、总层数和总高度

结构体系	木结构类型	抗震设防烈度									
		6 度		7 度		8 度				9 度	
						0.20g		0.30g			
		高度(m)	层数	高度(m)	层数	高度(m)	层数	高度(m)	层数	高度(m)	层数
纯木结构	轻型木结构	20	6	20	6	17	5	17	5	13	4
	木框架支撑结构	20	6	17	5	15	5	13	4	10	3
	木框架剪力墙结构	32	10	28	8	25	7	20	6	20	6
	正交胶合木剪力墙结构	40	12	32	10	30	9	28	8	28	8
木混合结构 上下混合木结构	上部轻型木结构	23	7	23	7	20	6	20	6	16	5
	上部木框架支撑结构	23	7	20	6	18	6	17	5	13	4
	上部木框架剪力墙结构	35	11	31	9	28	8	23	7	23	7
	上部正交胶合木剪力墙结构	43	13	35	11	33	10	31	9	31	9
混凝土核心筒木结构	纯框架结构										
	木框架支撑结构	56	18	50	16	48	15	46	14	40	12
	正交胶合木剪力墙结构										

注：1. 房屋高度指室外地面到主要屋面板板面的高度，不包括局部突出屋顶部分；
　　2. 木混合结构高度与层数是指建筑的总高度和总层数；
　　3. 超过表内高度的房屋，应进行专门研究和论证，并采取有效的加强措施；
　　4. 表格摘自：GB/T 51226—2017《多高层木结构建筑技术标准》。

木结构建筑按照层数或高度可分为低层和多高层两种，我国于 2017 年 10 月 1 日正式颁布实施了 GB/T 51226—2017《多高层木结构建筑技术标准》。按照标准规定，住宅建筑按地面上层数分类时，3 层以下为低层木结构住宅建筑；4~6 层为多层木结构住宅建筑；7~9 层为中高层木结构住宅建筑；大于 9 层为高层木结构住宅建筑。按照高度分类时，建筑高度大于 27m 的木结构住宅建筑，建筑高度大于 24m 的非单层木结构公共建筑和其他民用木结构建筑为高层木结构建筑。多高层木结构的建筑设计除应符合《多高层木结构建筑技术标准》的规定外，还应符合现行国家标准 GB 50352《民用建筑设计通则》和相关标准的规定。

随着 GB/T 51226—2017《多高层木结构建筑技术标准》的颁布，中国成为又一个允许木结构用于多层建筑的国家，国外大量研究和试验已经证明，只要按照标准和规范执行，多高层木结构能够很好地满足建筑的结构强度、消防安全以及抗震性能等技术指标，是未来木结构发展的方向，规范和标准颁布也为我国未来木结构建筑往更高层发展奠定了基础。

小结

本章总结了不同的木结构建筑的形式以及这些形式对于建筑总高度和总层数要求，轻型木结构建筑、原木方木结构、胶合木结构以及木混合结构各有优缺点，我国颁布的各种标准也为我国木结构建筑的发展奠定了良好的基础，技术的不断进步使得木建筑设计功能和造型的多样性成为可能。

思考题

1. 木建筑的结构形式分为哪几种？
2. 轻型木结构建筑的特点是什么？
3. 木混合结构分为哪几种？分别有什么特点？
4. 胶合木结构有什么特点？
5. 正交胶合木结构体系有什么特点？

延伸阅读

1. 费本华，刘雁．木结构建筑学[M]．北京：中国林业出版社，2011.
2. 刘雁，刁海林，杨庚．木结构建筑结构学[M]．北京：中国林业出版社，2013.
3. 14J924 木结构建筑标准图集[S]．北京：中国计划出版社，2015.
4. GB 50005—2017，木结构设计规范[S]．北京：中国建筑工业出版社，2018.
5. GB/T 51226—2017，多高层木结构建筑技术标准[S]．北京：中国建筑工业出版社，2018.

第 *4* 章

木结构建筑的防护

本章提要

  木材的受力性能和耐久性与木材的防护有着直接的关系，木材的防护包括防火、防水防潮、防生物危害和防腐四个方面，通过不同的防护措施可以延长木材及建筑物的使用寿命。本章通过对不同防护方法的学习，可加深对于木材及木结构建筑的保护意识。

4.1 防火

4.2 防水防潮

4.3 防生物危害

4.4 防腐

4.1　防火

木材是一种理想的自然资源，凭借节能减排、绿色环保的优势，在建筑结构设计中得到广泛应用。与钢筋混凝土结构相比，木结构建筑稳定性和耐久度好，使用寿命长，但是阻燃性较差。通常木结构建筑会让人们有易燃烧、易腐朽、耐久性差的印象，但只要设计合理，采用适当的防火和防护措施，木结构建筑各方面的性能都是相当优越的。

为了避免火灾的发生，目前我国对于木结构的建筑层数、建筑面积以及防火要求都有较为严格的规定。

4.1.1　木结构建筑的防火特性

木结构分为普通木结构、胶合木结构和轻型木结构三种，由于各自的结构性质不同其防火性能也有着各自的特点。

(1)普通木结构

未经防火处理的普通木结构构件较易被火引燃。由于木材的导热性能较低，且构件在燃烧时，表面形成的碳化层能够起到很好的隔热效果，从而有效地减缓碳化层下未燃烧木材的燃烧速度。这就是普通木结构构件虽然是可燃材料，但其耐火极限却比普通钢结构构件高得多的原因。北美的建筑规范指出：对于普通木结构设计，随着截面尺寸的增加，构件耐火极限也相应提高。所以，在普通木结构设计中，选取适当的截面尺寸是满足耐火极限要求的措施之一。

鉴于普通木结构较胶合木结构、轻型木结构的耐火性能差的特点，对一些耐火极限要求高、截面尺寸又不能过大的构件必须采取阻燃剂浸泡或防火涂料喷刷等辅助措施。

(2)胶合木结构

胶合木结构主要采用锯材或结构胶合木等工程木产品建造，防火设计通过规定结构构件的最小尺寸(包括梁、柱的截面尺寸以及楼面板和屋面板的厚度等)，并将所有构件外露，利用木构件本身的耐火性能来达到规定的耐火极限。构件燃烧时，表面同样可以形成碳化层起到减缓燃烧速度的效果。截面尺寸较大的胶合木结构构件，火灾时，一般能达到一小时或一小时以上的耐火极限。

(3)轻型木结构

轻型木结构建筑的防火安全性能取决于墙体、楼盖和屋顶等整体构件的耐火极限和燃烧性能，由于这些构件通常采用具有很好耐火性能的石膏板覆面，所以整个构件的耐火极限和燃烧性能可以满足防火规范的要求与木材本身是可燃材料关系不大。

轻型木结构主要采用规格材和木基结构板材建造，墙体、楼盖板的结构体系类似箱型结构，其防火设计主要通过在结构构件外部覆盖耐火材料例如防火石膏板，以达到增加构件耐火极限及阻挡火焰和高温气体传播的作用。

4.1.2　木结构建筑的防火技术

木结构建筑的防火技术主要包括设计防火、构造防火和材料防火三个方面。

4.1.2.1　设计防火

设计防火是指在木结构建筑设计时通过适当的防火分区、防火间距、每层最大允许面积、安全出口距离、自动报警与灭火设施、材料的耐火极限等满足防火要求。木材及木结构的大量研究表明，木结构首先应在设计之初就采取防火设计，通过合理的结构设计和措施来控制火势的蔓延。

(1)防火分区

建筑物内部某空间发生火灾后，火势会因气体的对流和辐射作用，从楼板、墙体的烧损处和门窗洞口向其他空间蔓延，最后引发整栋建筑的火灾。因此，必须通过防火分区将火势控制在一定区域内，与防火分区直接相关的包括建筑层数、长度和面积等都应按照相关规定执行，应符合表4-1规定。

表 4-1　木结构建筑防火墙间每层的最大允许建筑面积

层数（层）	防火墙间的每层最大允许建筑面积（mm²）
1	≤1800
2	≤900
3	≤600
4	≤450
5	≤360

表格来源：GB/T 51226—2017《多高层木结构建筑技术标准》。

（2）防火间距

建筑物起火后，由于热辐射的作用，可能使临近的建筑物因烘烤而起火。同时考虑到人员疏散和灭火救援等需要，建筑物之间应保持合理的防火间距。根据国家标准 GB 50016—2015《建筑设计防火规范》，木结构建筑之间及其与其他民用建筑之间的防火间距应符合表 4-2 规定。

表 4-2　木结构建筑之间及其与其他民用建筑之间的防火间距（m）

建筑耐火等级或类别	高层民用建筑	裙房和其他民用建筑			
	一、二级	一、二级	三级	木结构建筑	四级
木结构建筑	14	9	10	12	12

表格来源：GB/T 51226—2017《多高层木结构建筑技术标准》。

对于我国众多已经建成木结构建筑村寨，应积极开辟消防通道。可将位于防火通道上的建筑迁出重建，以避免火灾时"火烧连营"情况的发生。为防止外部失火的殃及，有条件的地区应在木结构建筑外围挖出防火沟作为防火隔离带，并及时去除杂草、枯叶、灌木、树枝等可燃物。

（3）自动报警与灭火设施

由于木结构建筑内可燃材料比较多，一旦失火，发展较为迅速，为了能够及早报警，保证人员尽早疏散，公共建筑类型的木结构建筑应使用火灾自动报警系统。针对不同使用功能的木结构建筑配置自动喷水灭火系统、火灾报警系统、建筑灭火器、消火栓灭火系统等合理完备的主动消防措施。

自动报警与灭火设施探测、警报系统对人们尽早地撤离建筑物是至关重要的。安装探测器并使之保持良好的工作状态是目前在建筑物火灾中保证人身安全最有效的方法。有条件的建筑还应安装烟感或温感探测器，以便及早发现火灾。在建筑物中安装喷淋系统，以应对在日常生活中存在的火灾隐患。火灾发生时，喷淋系统被自动触发并将冷水喷洒在燃烧区域，喷淋系统可以在消防员抵达之前控制火势的发展，有利于对初起火灾的扑救。

（4）耐火极限

低层和多高层木结构建筑中构件的燃烧性能和耐火极限，构件的燃烧性能和耐火极限必须满足规范，根据国家标准 GB 50016—2015《建筑设计防火规范》、GB 50005—2017《木结构设计标准》、GB/T 51226—2017《多高层木结构建筑技术标准》的相关规定，不应低于表 4-3 和表 4-4 的要求。

表 4-3　3 层及以下木结构建筑中构件的燃烧性能和耐火极限

构件名称	燃烧性能和耐火极限（h）
防火墙	不燃性 3.00
电梯井墙体	不燃性 1.00
承重墙、住宅建筑单元之间的墙和分户墙、楼梯间的墙	难燃性 1.00
非承重外墙、疏散走道两侧的隔墙	难燃性 0.75
房间隔墙	难燃性 0.50
承重柱	可燃性 1.00
梁	可燃性 1.00
楼板	难燃性 0.75
屋顶承重构件	可燃性 0.50
疏散楼梯	难燃性 0.50
吊顶	难燃性 0.15

注：1. 除国家标准 GB 50016《建筑设计防火规范》规定外，当同一座木结构建筑存在不同高度的屋顶时，较低部分的屋顶承重构件和屋面不应采用可燃性构件；当较低部分的屋顶承重构件采用难燃性时，其耐火极限不应小于 0.75h。

2. 轻型木结构建筑的屋顶，除防水层、保温层和屋面板外，其他部分均应视为屋顶承重构件，且不应采用可燃性构件，耐火极限不应低于 0.5h。

3. 当建筑的层数不超过 2 层，防火墙间的建筑面积小于 600m²，且防火墙间的建筑长度小于 60m 时，建筑构件的燃烧性能和耐火极限应按照现行国家标准 GB50016《建筑设计防火规范》中有关四级耐火等级建筑的要求确定。

表格来源：GB50005—2017《木结构设计标准》。

表 4-4 多高层木结构建筑构件的燃烧性能和耐火极限

构件名称	燃烧性能和耐火极限(h)
防火墙	不燃性 3.00
电梯井墙体	不燃性 1.50
承重墙、住宅建筑单元之间的墙和分户墙、楼梯间的墙	难燃性 2.00
非承重外墙、疏散走道两侧的隔墙	难燃性 1.00
房间隔墙	难燃性 0.50
承重柱	难燃性 2.00
梁	难燃性 2.00
楼板	难燃性 1.00
屋顶承重构件	难燃性 0.50
疏散楼梯	难燃性 1.00
吊顶	难燃性 0.25

注:1. 防火墙每层最大允许建筑面积应符合表 4-1 规定。当木结构建筑全部设置自动喷水灭火系统时,防火墙间的每层最大允许建筑面积可按表 4-1 规定值增大 1.0 倍。
2. 多高层木结构建筑的疏散楼梯间应采用封闭楼梯间。当楼梯间不能自然通风或自然通风不能满足要求时,应设置机械加压送风系统或防烟楼梯间。
3. 多高层木结构住宅建筑和办公建筑内应全部设置自动喷水灭火系统。

表格来源:GB/T 51226—2017《多高层木结构建筑技术标准》。

4.1.2.2 构造防火

(1)轻型木结构建筑中,下列存在密闭空间的部位应采用连续防火分隔措施:

①当层高大于 3m 时,除每层楼、屋盖处的顶梁板或底梁板可作为竖向防火分隔外,应沿墙高每隔 3m 在墙骨柱之间设置竖向防火分隔;当层高小于或等于 3m 时,每层楼、屋盖处的顶梁板或底梁板可作为竖向防火分隔。

②楼盖和屋盖内应设置水平防火分隔,且水平分隔区的长度或宽度不应大于 20m,分隔面积不应大于 $300m^2$。

③屋盖、楼盖和吊顶中的水平构件与墙体竖向构件的连接处应设置防火分隔。

④楼梯上下第一步踏板与楼盖交接处应设置防火分隔。

(2)轻型木结构设置防火分隔时,应注意板材的选用,防火分隔可采用下列材料制作:

①截面宽度不小于 40mm 的规格材;

②厚度不小于 12mm 的石膏板;

③厚度不小于 12mm 的胶合板或定向木片板;

④厚度不小于 0.4mm 的钢板;

⑤厚度不小于 6mm 的无机增强水泥板;

⑥其他满足防火要求的材料。

(3)当管道穿越木墙体时,应采用防火封堵材料对接触面和缝隙进行密实封堵;当管道穿越楼盖或屋盖时,应采用不燃烧性材料对接触面和缝隙进行密实封堵。

(4)木结构建筑中的各个构件或室内空间需填充吸音、隔热、保温材料时,其材料燃烧性能应为难燃烧材料。

(5)当木梁与木柱、木梁与木梁采用金属连接件连接时,金属连接件的防火构造可采用以下方法:

①可将金属连接件嵌入木构件内,固定用的螺栓孔可采用木塞封堵,所有的连接缝可采用防火封堵材料填缝;

②金属连接件采用截面不小于 40mm 的木材作为表面附加防火保护层;

③将梁柱连接处包裹在耐火极限为 1.00h 的墙体中;

④采用厚度大于 15mm 的耐火纸面石膏板在梁和柱连接处进行分隔保护。

(6)木结构建筑中配电线路的敷设应采用以下防火措施:

①电线、电缆直接明敷时应穿金属管或金属线槽保护,当采用矿物绝缘线路时可直接明敷;

②电线、电缆穿越墙体、屋盖或楼盖时,应采用防火封堵材料对其空隙进行封堵。

(7)安装在木结构楼盖、屋顶及吊顶上的照明灯应采用金属盒体,且应采用不低于所在部位墙体或楼盖、屋盖耐火极限的石膏板对金属盒体进行分隔保护。

另外,在轻型木结构建筑中,防火构造可用以下材料制成:规格材、石膏板、木基结构板材、钢板、石棉板。石膏板不仅能自然调节室内外的湿度，也是极好的阻燃材料，所以这种组合墙体的耐火能力极强，与砖石或钢混住宅的防火性能相当。

轻型木结构建筑中设置水平和竖向防火分隔，可以阻止火焰在水平或竖向空腔中蔓延，竖向可采用底梁板和顶梁板作为防火分隔，水平方向一般根据空间长度或面积等确定。中国在引入新的建筑体系如轻型木结构或胶合木结构时，通常会比较谨慎，相应的防火规范规定也较严格。

综上，木结构建筑在应用范围、高度、层数、防火分区、每层最大允许面积、安全出口、防火间距、构造措施以及构件的燃烧性能和耐火极限要同时符合国家标准 GB50016—2015《建筑设计防火规范》、GB50005—2017《木结构设计标准》以及国家建筑设计标准图集《木结构建筑》14J924、GB/T 51226—2017《多高层木结构建筑技术标准》的相关规定，以保证设计防火和构造防火的合理合规性。

4.1.2.3 材料防火

早在 5000 年前，我国就已采用在木柱外面涂覆泥土的防火方法，后来对大型木质梁、柱采用漆布包缠后，再涂以黏土、石膏等难燃性物质进行防火。在沿海地区，有用海水作防火处理的木材建造灯塔的记录。

木材材料阻燃处理大致可分为 2 类：一类是溶剂型阻燃剂的浸渍法，另一类是防火涂料（又称阻燃涂料）的涂布法。常用的工艺有 3 种：

①深层处理：通过一定手段使阻燃剂或具有阻燃作用的物质，浸注到整个木材中或达到一定深度，如采用浸渍法和浸注法，木材经过阻燃剂处理后，可有效降低木材燃烧概率；

②表面处理：在木材表面涂刷或喷淋阻燃物质，一旦有火灾发生时，能更好地对木构件的耐火极限进行改善和提高；

③贴面处理：在木材表面覆贴阻燃材料，如无机物、金属薄板等非燃性材料，或经过阻燃处理的单板等，或在木材表面注入一层熔化了的金属液体，形成所谓的"金属化木材"。

以上三种工艺主要用于普通木结构的防火，近年来，日本对于木结构阻燃做了很多细致深入的研究，技术和产品包括耐火材料包裹、中间加阻燃层、中间加工字钢组成复合结构、阻燃集成材等，

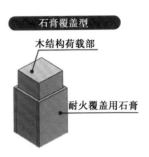

图 4-1 耐火材料包裹

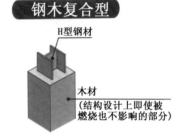

图 4-2 中间加工字钢

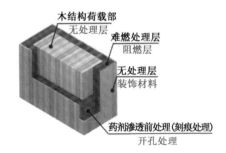

图 4-3 阻燃集成材

使得木结构建筑的防火取得较好效果（图 4-1 至图 4-3）。

木材在火势凶猛的情况下将较快炭化，炭化层将木材内部与外界隔离并提高木材可承受的温度，使构件内部免于火灾，这种方法也称自防火法。大型建筑结构中都包含大规格的梁或柱，其本身就具有很好的耐火性能，这是因为木材的导热性能低，且大构件表面燃烧所形成的炭化层会进一步隔绝空气和热量的作用，以延缓木材燃烧的速度并保护其余未烧着的木材，使得大块木材要燃烧很长时间才会引起结构的破坏（图 4-4，图 4-5）。因此，木构件截面越大，防火性能越好。木结构的防火设计可根据设计荷载的要求，结合不同树种的木材在受到火焰作用时的炭化速度，通过规定结构构件的最小尺寸，利用木构件

本身的耐火性能来满足所需的耐火极限要求，胶合木结构通常情况下采用这种方法。

图 4-4　木材炭化后形成保护层

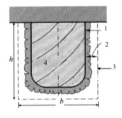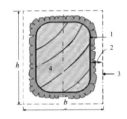

图 4-5　木材炭化后形成保护层平面示意

无论是轻型木结构、普通木结构还是胶合木结构，在设计防火、构造防火、材料防火得以保障的基础上，借助自动喷淋系统和烟雾探测器等减轻火灾风险，才能使木结构建筑的使用更加安全可靠。另外，木结构建筑的防火还应从以下几方面做好防范措施：

①材料的质量。对木结构建筑的各个构件以及所有材料都要做到质量把关，只有合格达标的材料才可以选取。

②防火设备。木结构建筑建造好后，需要在木结构建筑上安放必要的防火工具，如防火器和烟雾警报器等，以便在出现火情时第一时间消灭火源。

③防火意识。也是最重要的一点，一般出现火情都离不开人为的因素，无论是有意的还是无意的。因此，我们在生活中，需要增强个人防火意识，从根源上杜绝火灾的发生。

4.2　防水防潮

水和潮气是影响房屋使用寿命的重要因素，木

结构构件在加工、运输、施工和使用过程中应采取防水防潮措施。为了防止木结构建筑受潮（包括直接受潮及冷凝受潮而引起木材腐朽或蚁蛀），设计时必须从建筑构造上采用通风的防潮措施，注意保证木构件的含水率经常保持在 20% 以下。木结构建筑应有效利用周围环境以减少维护结构的暴露程度。木建筑在不同部位和不同环境下有相应的防水防潮措施。

4.2.1　基础、地面连接构件及楼地面

①严禁将木柱直接埋入土中。

②支撑在砌体或混凝土上的木柱底部应设置垫板，严禁将木柱直接砌入砌体或浇在混凝土中。

③木柱、木楼梯、木门框等接近地面的木构件应该用石块或混凝土块做成垫脚，使木构件高出地面而与潮湿环境隔离。

④无架空层、地下室的建筑，楼盖尽可能架空，并采取通风防潮措施。底层地坪应做防潮、保温措施。有架空层或地下室的建筑，架空层与地下层宜采用自然通风或机械通风，墙体及底层地面宜采取保温隔热措施。

⑤在混凝土地基周边、地下室和架空层内，应采取防止水分和潮气由地面入侵的防水防潮等有效措施。在木构件和混凝土构件之间应铺设防潮膜。当建筑底层采用木楼盖时，木构件底部距离室外地坪的高度不得小于 300mm。

⑥混凝土基础与木构件之间应设置防潮层和通气层，并应采取防水处理措施。

⑦在气候潮湿的地区或特别潮湿的建筑物内，一般底层不宜采用木地板，但在林区或因无其他材料可用而必须采用木地板时，在室内木地板以下勒脚内的空间都应有通风措施。

4.2.2　墙体

①外墙连接处以及门窗与墙体、墙体与屋面之间的连接处均应采取防水措施。高层木结构建筑墙体与屋面之间连接处，应采取防止雨水逆流入墙体的措施。

②外墙和非通风屋顶的设计应减少蒸汽内部冷凝，促进潮气散发。在严寒和寒冷地区，外墙和非通风屋顶内侧应具有较低蒸汽渗透率；

在夏热冬暖和炎热地区，外侧应具有较低蒸汽渗透率。

③在降雨量较大或环境暴露程度很高的木结构建筑可在外墙防护板和外墙防护膜之间设置排水通风空气层。在年降雨量高于 1000mm 的地区，或环境暴露程度很高的木结构建筑应采用防雨幕墙。在外墙防护板和外墙防水膜之间应设置排水通风空气层，其净厚度宜在 10mm 以上，有效空隙不应低于排水通风孔层总空隙的 70%，空隙开口处须设置连续的防虫网。

④严寒、寒冷地区与夏热冬冷地区的外墙出挑构件的外保温层宜封闭。

⑤夏热冬冷地区和夏热冬暖地区外墙宜采用浅色饰面材料或热反射型涂料。

⑥建筑外墙宜设置通风间层。

4.2.3　屋顶

①为防止木材受潮腐朽，在屋架，大梁和搁栅的支座下，应设防潮层及经防腐处理的垫木，或单独设置经防腐处理的垫木。

②露天结构若采用内排水的屋架支座节点、檩条及搁栅等木构件，直接与砌体接触的部位以及屋架支座处的垫木，构造上要采取通风防潮措施。

③屋架、大梁、搁栅等承重构件的端部不应封闭在墙内或处于其他通风不良的环境中，为保证较好的通风条件，其周围应留至少不小于 3mm 的空隙。

④轻型木结构建筑最好采用坡屋顶，保证屋顶和吊顶之间的通风，增强其防水防潮功能。

⑤自然通风的木屋顶空间宜安装通风孔（图 4-6，图 4-7）。当采用自然通风时，通风孔总面积应不小于保温吊顶面积的 1/300。通风孔宜均匀设置，并应采取防止昆虫和雨水进入的措施。

⑥屋面应设置满足热工设计的保温隔热层，并宜采取防结露、防水汽渗透的措施。

⑦非通风屋顶的设计应减少蒸汽内部冷凝，促进潮气散发。在严寒和寒冷地区，非通风屋顶内侧应具有较低蒸汽渗透率。

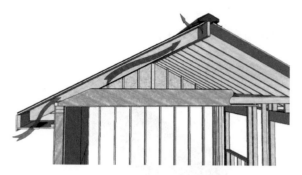

图 4-6　木结构坡屋顶自然通风

图 4-7　木结构坡屋顶通风节点详图

4.2.4　其他部位

①在门窗洞口、屋顶、外墙开洞、屋顶露台和阳台等部位均应设置防水、防潮和排水的构造措施，有效利用泛水材料促进局部排水；

②在木结构隐蔽部位应设置通风空洞；

③高级建筑物中的木构件（包括吊顶、隔墙、龙骨衬条、壁橱板、板壁等）应隔离水源（如卫生设备），并考虑防腐、防虫、防火处理，严禁使用带树皮或已有虫蛀和腐朽的木材；

④木结构构件和连接节点应处于通风良好和干燥的环境中；

⑤天沟、天窗、檐沟、水落管、泛水、变形缝和伸出屋面管道等处应加强防水构造措施；

⑥管道井、烟道和通风道应分别独立设置，不得使用同一管道系统，应采用不燃材料制作，并与木结构脱离；

⑦木结构建筑应有效利用悬挑结构、雨棚等设施对外墙和门窗进行保护，减少在围护结构上开窗

开洞的部位。应采取有效措施提高整个建筑围护结构的气密性能，在下列部位的接触面和连接点设置气密层：

a. 相邻单元之间；
b. 室内空间与车库之间；
c. 室内空间与非调温调湿地下室之间；
d. 室内空间与架空层之间；
e. 室内空间与通风屋顶空间之间。

提高建筑物的气密性可以防止雨水侵入，防止水蒸气在维护结构内发生冷凝，有利于建筑的保温、隔热性能，提高使用舒适度。

综上，为防止木结构建筑受潮，设计时必须根据建筑的不同部位和不同环境，从构造上采取相应通风及防水防潮措施，从而保证木结构建筑的使用寿命。

4.3 防生物危害

由于木材自身材料的特征，微生物和昆虫对木材的破坏也是影响木结构建筑使用耐久性的重要因素。木结构建筑受生物危害地区根据白蚁危害程度分为四个区域等级，各区域应符合表 4-5 规定。

表 4-5 生物危害地区划分表

序号	白蚁危害区域等级	白蚁危害程度	包括地区
1	Z1	低危害地带	新疆、西藏西部地区、青海绝大部分地区、甘肃西北部地区、宁夏北部地区、内蒙古除突泉至赤峰一带以东地区和加格达奇地区外的绝大部分地区
2	Z2	中等危害地带，无白蚁	西藏中部地区、甘肃和宁夏南部地区、四川北部地区、陕西北部地区、辽宁营口至宽甸一带以北地区、吉林、黑龙江
3	Z3	中等危害地带，有白蚁	西藏南部地区、四川中部地区、陕西南部地区、湖北北部地区、江苏北部地区、安徽北部地区、河南、山东、山西、河北、天津、北京、辽宁营口至宽甸一带以南地区
4	Z4	严重危害地带，有乳白蚁	云南、四川南部地区、重庆、湖北南部地区、安徽南部地区、浙江、上海、福建、江西、湖南、贵州、广西、海南、广东、香港、澳门、台湾

表格来源：GB50005—2017《木结构设计标准》。

当木结构施工现场位于白蚁危害区域等级为 Z2、Z3 和 Z4 区域内时，木结构建筑的施工应符合以下规定：

①施工前应对场地周边的树木和土壤进行白蚁检查和灭蚁工作；

②应清除地基中已有的白蚁巢穴和潜在的白蚁栖息地；

③地基开挖时应彻底清除树桩、树根和其他埋在土壤里的木材；

④所有施工时产生的木模板、废木材、纸质品和其他有机垃圾应在建造过程中和完工后及时清理干净；

⑤所有进入现场的木材，其他林产品、土壤和绿化用树木，均应进行白蚁检疫，施工时不应采用任何受白蚁感染的材料；

⑥应按照设计要求做好防止白蚁的其他各项措施。

当木结构施工现场位于白蚁危害区域等级为 Z3 和 Z4 区域内时，木结构建筑的施工应符合以下规定：

①直接与土壤接触的基础和外墙，应采用混凝土和砖石结构；基础和外墙中出现的缝隙宽度不应大于 0.3mm。

②当无地下室时，底层地面应采用混凝土结构，并宜采用整浇的混凝土地面。

③由地下通往室内的设备电缆缝隙、管道孔缝隙、基础顶面与混凝土地坪之间的缝隙，应采用防白蚁物理屏障或土壤化学屏障进行局部处理。

④外墙的排水通风空气层开口处必须设置连续的防虫网，防虫网格栅孔径应小于 1mm。

⑤地基的外排水层或保温隔热层不宜高出室外地坪，否则应作局部防白蚁处理。

⑥应采用防白蚁土壤化学处理和白蚁诱饵系统等防虫设施，土壤化学处理和白蚁诱饵系统应使用对人体和环境无害的药剂。

⑦在地基、基础两侧和管道周围喷洒 1% 氯丹乳剂。

⑧当混凝土基础上设有设备管道贯通口时，应安装管道防蚁圈，管道周围应使用防虫网、树脂等将孔隙进行封闭处理，屋盖出檐部分及墙体上部设置换气口时，应使用防虫网或树脂等进行空隙的封

闭处理。

⑨白蚁的预防措施应符合国家现行标准《房屋白蚁预防技术规程》JGJ/T 245 的规定。在房屋建设施工过程中，建筑施工单位应及时清除建筑场地遗留的旧木质材料和其他含有纤维素的废弃物。对于难以拆除的基础木模板和木板等，应在填埋时告知白蚁防治单位进行药物处理。

4.4　防腐

木材防腐通常是为了保护木材或木制品不受木腐菌、蓝变真菌、霉菌、昆虫等的侵袭。在木建筑中，木材防腐至关重要。结构设计、材料选择和维护上的综合考量对建筑的功能和使用寿命有着决定性的作用，当碰到下列情况时，应对木材进行防腐处理：

①当承重构件使用马尾松、云南松、湿地松、桦木，并位于易腐朽或易遭虫害的地方时，应采用防腐木材；

②在白蚁严重危害区域 Z4 地区，木结构建筑宜采用具有防白蚁功能的防腐处理木材；

③直接暴露在户外的木构件、与混凝土构件或砌体直接接触的木构件和支座垫木，以及其他可能发生腐朽或遭白蚁侵害的木构件应进行防腐处理；

④气候潮湿的地区或特别潮湿的建筑物内，木材的含水率仍会经常处于 20% 以上，当采用耐腐性差的木材时，必须对全部木构件进行防腐处理。

对木材添加化学物质能够防止微生物对木材的侵袭。不同的化学药剂和用量，会呈现不同的效果。化学药剂可以通过手工涂层、浸渍或通过工业加压的方式添加。涂层和普通浸渍方式主要是防护表面，药剂不会进入木材内部，效果有限。所以此方法一般用于补充完善，比如在加压处理木材的底端涂上防护油以减少对水分的吸收。当金属连接件、齿板及螺钉与含铜防腐剂处理的木材接触时，为避免防腐剂对金属的腐蚀，应采用热浸镀锌或不锈钢产品。

防腐处理要尽可能避免或减少对木材机械强度和力学性质的影响，木材应尽量在防腐处理前进行锯、切、钻、刨等机械加工，然后再进行防腐处理。处理后，经过防腐剂固化和木材干燥后，直接使用，其目的是防止机械加工造成木材内部未被防腐剂渗透的部分暴露出来。未被防腐剂浸到的木材是不具备防腐效果的，即使是耐腐性好的心材也不具备抗白蚁和抗海虫的性能，而且，即使木材内部已被防腐剂渗透，但由于木材内部的防腐剂保持量比木材外部低，防腐效果也会大打折扣。因此，木构件的机械加工应在防腐防虫药剂前进行，木构件经防腐防虫处理后，应避免重新切割和钻孔，确有必要做局部调整时，必须对木材的表面涂刷足够同品牌或同品种药剂。

防腐处理的目的是采用适当的方法，将防腐剂均匀、深入地分布到木材之中，并且需要达到一定的保持量，以使木材具有相当的防腐效果或功效为保证木材的耐久性，目前可以对木材与木制品进行不同的防腐处理，常用的方法有：

（1）压力浸注法（加压处理法）

这种方法是将木材放入一个带密闭盖的长圆筒形压力罐中，充入防腐剂后密封施加压力，强制防腐剂注入木材，直到防腐剂吸收量和注入深度达到质量要求为止（图 4-8）。用压力浸注处理木材，能够取得较好的注入深度，并能控制防腐剂的吸收量，适用于木材防腐处理质量要求高以及对难浸注木材的处理，但设备较复杂，需由专业工厂完成。

图 4-8　加压浸渍防腐

（2）热冷槽浸注法（常压处理法）

这种方法通常是用两个防腐剂槽（冷槽和热槽），先经木材放入热槽中加热几小时后，再迅速浸入冷槽中保持一定的时间。木材在热槽中加热时，细胞腔内的空气受热膨胀，部分溢出木材外；木材移入冷槽后，细胞腔内空气因冷却而收缩，细胞腔内产生负压而吸入防腐剂。采用这种方法处理木材时，木材必须充分干燥，该方法适用于边材和易浸注的木材。

(3)常温浸渍法(常压处理法)

这种方法是将木材浸入常温的防腐剂中进行处理。对于易浸注而干燥的木材，可以取得良好的效果。浸渍时间从几小时到几天，根据木材的树种，截面尺寸和含水率而定。如木材含水率较高时，应适当提高防腐剂浓度。

(4)涂刷法(常压处理法)

这种方法一般用于现场处理。采用油类防腐剂时，在涂刷前应加热。采用油溶性防腐剂时，选用的溶剂应易为木材吸收；采用水溶性防腐剂时，浓度可稍提高，涂刷一般不应少于 2 次，第一次涂刷干燥后，再刷第二次。涂刷要充分，注意保证涂刷质量，有裂缝必须用防腐剂浸透，对要求透入深度大的、室外用材及室内与地接触的用材，均不宜采用此法。

(5)扩散法(常压处理法)

这种方法是用水溶性防腐剂配成的浆膏或高浓度水溶性药剂涂刷在木材表面上进行处理。由于木材内部的水分作用，附在木材表面的防腐剂浓度较内层高，便向内层扩散，使内外层防腐剂浓度趋于均衡。木材含水率越高，扩散作用越好。湿材用此法处理可取得较深的透入度，但木材含水率必须在 40%以上。为使防腐剂向木材内部充分扩散，在涂刷浆膏防腐剂后，宜将木材密实堆积，并在堆垛的四周用塑料薄膜严密覆盖，封存3~4 个星期，也可在涂刷浆膏干燥后，再涂一层沥青防水材料。

(6)熏蒸法(常压处理法)

对于已经遭虫害，且蛀孔较深、数量较多时，用一般的喷雾或表面涂刷很难奏效，则可以选择熏蒸法处理。熏蒸法多在储木场内的露天堆垛进行，先用塑料薄膜或防水布覆盖，四周密闭严实，下面用土夯实，然后用盛有熏蒸剂的钢瓶用软管通入材剁的内部，按照用量缓慢放入药剂，熏蒸期间要注意密封，划出隔离范围，熏蒸结束后揭开覆盖物，通风排毒。

木材的耐腐蚀性还可以通过热处理进行防腐，针叶材和阔叶材都可以进行热处理，热处理能够改变木材的化学和物理性质。木材处理后呈棕色，暴露在室外后呈灰色。热处理后的木材吸水和传导水能力减弱，强度变小而显脆性，所以不适用于承重结构。

好的木材防腐剂应具备持久性与稳定性好、渗透性强、安全性高、腐蚀性低、对木材损害小等特点，但木材防腐剂很难做到完全符合各项条件，应根据木材的使用环境及要求，选择综合性能较好的防腐剂。即使是一种高效防腐剂，如果防腐处理不能使木材中防腐剂的透入度和保持量达到所需要的指标，防腐效果也会受到影响。因此，适宜的防腐处理工艺是达到木材防腐效果的重要保证之一。木材防腐剂属于化学药剂，在采用某种办法将它注入木材中后，可以增强木材抵抗菌腐、虫害、海生等钻孔动物的侵蚀。木材防腐剂的分类有多种方法：

① 按防腐剂载体的性质可分为水载型(水溶性)防腐剂、有机溶剂(油载型、油溶性)防腐剂、油类防腐剂(图 4-9)。

- 木材防腐剂
  - 油类防腐剂(防腐油、煤焦油、蒽油等)
  - 有机溶剂(油载型、油溶性)防腐性(包括五氯酚、环烷酸铜、8-羟基喹啉铜、百菌清等)
  - 水载(水溶性)型防腐剂
    - 含砷或铬的水载型防腐剂(如 CCA、ACZA、ACC 等)
    - 不含砷或铬的水载型防腐剂(如 ACQ、CBA-A、CA-B、CC 等)
    - 不含金属成分的水载型防腐剂
      - 无机硼类(如 SBX)
      - 有机类(如 AAC、CDDC 等)

图 4-9　木材防腐剂按载体性质分类

② 按防腐剂的组成可分为单一物质防腐剂与复合防腐剂;

③ 按防腐剂的形态可分为固体防腐剂、液体防腐剂与气体防腐剂。

目前,水溶性防腐剂季铵铜(ACQ)逐渐取代铜铬砷(CCA)成为市场的主流(表4-6)。ACQ的主要化学成分为烷基铜铵化合物,它不含砷、铬、砒霜等有毒化学物质,对环境无不良影响,且不会对人畜鱼及植物造成危害。水溶性防腐剂ACQ在使用上对人体安全较之CCA更佳,现被美国环保署(EPA)认可为目前世界上环保最有效的木材防腐处理方法,在北美和欧洲地区广泛推广,缺点是ACQ在成本上比CCA高出近20%。从目前国内市场看,这两种处理方法的防腐木材应该会共存一段时间,但从长远看ACQ防腐处理将是未来的发展趋势。

表4-6   经防腐剂处理的木材适用要求

防腐剂种类	应用环境	典型用途	连接件
铜铬砷(CCA)	室外环境中使用	埋地构件或木制基础	不锈钢连接件、热浸镀锌连接件或铜连接件
季铵铜(ACQ)	室内外环境中使用	建筑内部及装饰以及室外(平台、步道、栈道)铺板及搁栅	不锈钢连接件、热浸镀锌连接件或铜连接件
硼酸盐	室内环境中使用,避免淋湿和长期浸泡在水中	建筑内部及装饰,地下室、卫生间	任何钢连接件

表格来源:GB 50005—2017《木结构设计标准》。

木材防腐处理应根据各种木构件的用途和防腐要求,按照 GB/T 50772—2012《木结构工程施工规范》规定中不同使用环境选择合适的防腐剂。采用的防腐剂、防虫剂不得危及人畜安全,不得污染环境。木构件的防腐采用药剂加压处理时,药剂在木材中的载药量和透入度应符合现行国家标准 GB/T 27651《防腐木材的使用分类和要求》的规定。防腐、防虫药剂配方及技术指标应符合现行国家标准 GB/T 27654《木材防腐剂》的规定。防腐木材的使用分类和要求应满足现行国家标准 GB/T 27651《防腐木材的使用分类和要求》的规定。

小结

木结构建筑的防火、防水防潮、防生物危害和防腐是直接关系木结构建筑耐久性的重要因素,防火分为设计防火、构造防火和材料防火;防水防潮要从基础、地面、屋顶、外墙等和外界交接的地方做好防范;防生物危害则应根据白蚁危害程度划分区域进行相应措施的防护;防腐应注意相关技术标准及防腐剂使用要求。只有在防护的细节上做到位,才能保证木材及木结构建筑的使用寿命。

思考题

1. 木结构建筑的防火方法有哪些?
2. 木结构建筑的防水防潮重点应注意哪些部位?
3. 木结构建筑的防腐要点有哪些?

延伸阅读

1. 费本华,刘雁. 木结构建筑学[M]. 北京:中国林业出版社,2011.

2. GB 50005—2017,木结构设计规范[S]. 北京:中国建筑工业出版社,2018.

3. GB/T 51226—2017,多高层木结构建筑技术标准[S]. 北京:中国建筑工业出版社,2018.

4. GB 50016—2015,建筑设计防火规范[S]. 北京:中国计划出版社,2015.

第 5 章

木结构建筑的构造设计

本章提要

木结构设计的另一个重点就是构件的连接及构造设计，不同的连接方式和构造设计会影响木结构建筑的受力、造型甚至于耐久性。构件的连接方式上可分为榫卯连接、齿连接、螺栓连接和钉连接、键连接、金属连接件连接、胶连接和植筋连接，本章重点讲解木结构建筑的连接方式、节点构造及受力特征，为木结构建筑细节设计的重要环节。

5.1 传统榫卯连接

5.2 齿连接

5.3 螺栓连接和钉连接

5.4 键连接

5.5 其他金属连接件连接

5.6 胶连接

5.7 植筋连接

木材因天然尺寸有限或因结构构造的需要，常用拼合、接长和节点联结等方法将木料连接成结构和构件。节点设计是木结构设计的重要环节。各向连接是木结构安全的关键环节，设计与施工的要求应严格，传力应明确，尽可能做到韧性和紧密性良好，构造简单，检查和制作方便。

通常使用的连接方式有：榫卯连接、齿连接、螺栓连接和钉连接、键连接、金属连接件连接、胶连接和植筋连接等。

5.1　传统榫卯连接

榫卯是在两个木构件上所采用的一种凸凹结合的连接方式。凸出部分叫榫（或榫头），凹进部分叫卯（或榫眼、榫槽）。

榫卯的特点是利用木材承压传力，以简化梁柱连接的构造。利用榫卯嵌合作用，使结构在承受水平外力时，能有一定的适应能力（图5-1，图5-2）。因此，这种连接至今仍在传统的木结构建筑中得到广泛应用，其缺点是对木料的受力面积削弱较大，用料不经济。根据榫卯的功能，可将其划分为六类：

①固定垂直构件的榫卯；
②水平构件与垂直构件拉结相交使用的榫卯；
③水平构件互交部位常用的榫卯；
④水平或倾斜构件重叠稳固所用的榫卯；
⑤用于水平或倾斜构件叠交或半叠交的榫卯；
⑥用于板缝拼接的榫卯。

5.2　齿连接

齿连接常用于桁架节点。将压杆的端头做成齿形，直接抵承于另一杆件的齿槽中，通过木材承压和受剪传力。为了提高其可靠性，要求压杆的轴线必须垂直于齿槽的承压面并通过其中心。这样使压杆的垂直分力对齿槽的受剪面有压紧作用，提高木材的抗剪强度。

为了防止刻槽过深削弱杆件截面，影响杆件承载能力，对于桁架中间节点应要求齿深（h_c）不大于杆件截面高度的1/4，对于桁架支座节点应不大于1/3，双齿连接中 $h_c-h_{c1} \geqslant 20mm$，并应设置保险螺栓，以防受剪面意外剪坏时可能引起的屋盖结构倒塌。

齿连接的优点是构造简单、传力明确、制作工具简易，并且连接处外露，易于检查。缺点则是开齿削弱构件截面，产生顺纹受剪作用而导致脆性破坏。其中单齿连接的承载力低，但制作简单，一般优先采用。而双齿连接的承载力高，但制作较为复杂。采用齿连接时，必须设置保险螺栓以防受剪面意外剪坏时可能引起的结构倒塌（图5-3）。

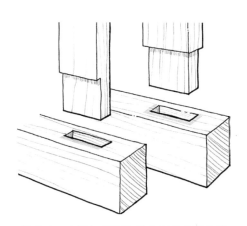

图5-1　水平与垂直构件之间的榫卯连接

图5-2　水平构件之间的榫卯连接

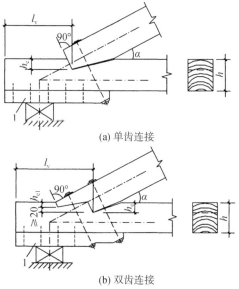

(a) 单齿连接

(b) 双齿连接

图5-3　齿连接示意图

5.3　螺栓连接和钉连接

在木结构建筑中，螺栓和钉的工作原理是相同的，即由于阻止了构件的相对移动，受到孔壁木材的挤压而使螺栓和钉受剪与受弯。为了充分利用螺栓和钉受弯、木材受挤压的良好韧性，避免因螺栓和钉过粗、排列过密或构件过薄而导致木材剪坏或劈裂，在构造上对木料的最小厚度、螺栓和钉的最小排列间距应严格按照 GB50005—2017《木结构设计规范》中表 6.2.3 和 6.2.5 的规定执行。螺栓连接一般采用齐列的方式，钉连接可采用齐列、错列或斜列布置(图 5-4 至图 5-6)。

5.4　键连接

键连接有木键和钢键两类。近年来，木键已逐渐被受力性能较好的板销和钢键所替代。钢键的形

式很多，常见的有裂环、剪盘、齿环和齿板等四种，均可用于木料接长、拼合和节点连接，其承载能力可通过试验来确定。

5.4.1　裂环连接

裂环连接是键连接中应用最早的，其连接点对木材受力面积削弱较小，具有较高的承载能力。由于连接主要靠木材受剪传力，韧性较差。因此，除在环上开有裂口使环圈略能伸缩外，还要求使用干燥的木材，提高制作环槽的精度以保证连接的紧密性，因此裂环连接仅适用于工厂生产的木结构。

裂环件主要用于胶合木施工或重木结构体系中，其抗剪承载力大大超过钉连接及螺栓连接。但裂环和螺栓的强度都较高，构件端部木材抗剪撕裂的几率较大，节点处脆性破坏的概率也较钉连接及螺栓连接形式的大。裂环安装后处于隐蔽状态，不易检查，因此被齿板逐渐取代(图 5-7，图 5-8)。

图 5-4　螺栓连接

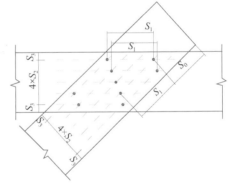

图 5-5　钉连接示意图

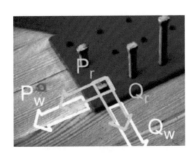
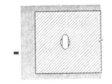
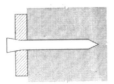

图 5-6　钉连接

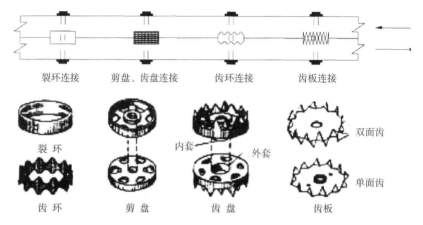

裂环连接　　　剪盘、齿盘连接　　　齿环连接　　　齿板连接

裂环　　　　　齿环　　　　　内套　　外套　　　双面齿

齿环　　　　　剪盘　　　　　齿盘　　　　　单面齿

齿板

图 5-7　键连接示意

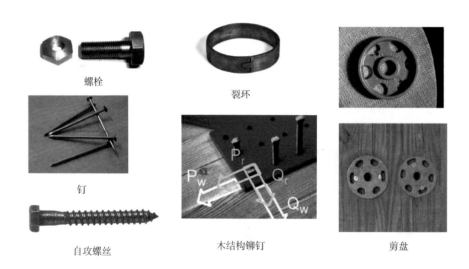

螺栓　　　　　　　　裂环

钉

自攻螺丝　　　　　木结构铆钉　　　　　剪盘

图 5-8　常用连接件

5.4.2　剪盘连接

剪盘连接是指用成对的钢盘(剪盘或齿盘)分别嵌入连接缝两侧构件的环槽中，通过系紧螺栓受剪传力(图 5-9，图 5-10)。木构件主要受剪和承压，具有与裂环相似的优缺点。但剪盘或齿盘连接可以随意拼拆，很适合装配式构件使用。

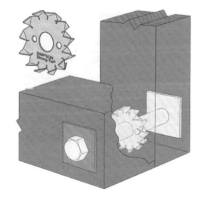

图 5-9　齿盘连接

图 5-10　齿盘

5.4.3　齿环连接和齿板连接

齿环和齿板是对裂环和剪盘的改进。利用高强螺栓或专门机具将齿环或齿板直接压入被连接的构件中，不必预先挖槽，既方便又紧密，且具有较好的韧性。但齿环不能做成装配式，齿板承载能力较低。

齿板是经表面处理的钢板冲压成的带齿板，常用于轻型桁架节点连接或受拉杆件的接长。

轻型木桁架是北美轻型木结构体系中屋架体系的主要结构形式，由规格材制成的轻型木桁架节点连接主要采用齿板连接方式。齿板连接的特点是支撑形式灵活，桁架间距较密，通常小于600mm。在桁架连接处应用齿板，可以较快地进行桁架中各弦的定位。在工厂中拼装好一品桁架后，将桁架平放，同时用专门的压力机将齿板直接压入桁架中各条弦之间的连接处（图 5-11，图 5-12）。

齿板连最大的优点是提高施工效率，并保持木材的完整性。齿板作为连接件，与木材之间表现出较好的协同作用，塑性性能良好；缺点表现为齿板材料很薄，如果处于腐蚀环境等极易腐蚀，从而导致连接件性能丧失，所以齿板多应用于干燥通风环境。

为防止生锈，齿板应由镀锌钢板制成，同时要求不能将齿板用于易腐蚀或潮湿环境中。齿板受压承载力较低，故不能将齿板用于传递压力。齿板的设计和施工制作还应同时满足以下要求：

①齿板应成对对称设置于构件连接节点的两侧；

②采用齿板连接的构件厚度应不小于齿嵌入构件深度的 2 倍；

③在与桁架弦杆平行及垂直方向，齿板与弦杆的最小连接尺寸以及在腹杆轴线方向齿板与腹杆的最小连接尺寸应符合 GB50005—2017《木结构设计标准》中规定；

④齿板连接的构件制作应在工厂进行；

⑤板齿应与构件表面垂直；

⑥板齿嵌入构件深度应不小于做板齿承载力试验时板齿嵌入试件的深度；

⑦齿板连接处构件无缺棱、木节、木节孔等缺陷；

⑧拼装完成后齿板无变形。

图 5-11　齿板

图 5-12　齿板连接的屋架

5.5　其他金属连接件连接

现代木结构住宅在设计建造中，有许多金属连接件的使用情况。金属件连接件可用于楼层、柱脚、梁托等处，也可直接采用隐式的预埋件。优质高强的金属钢制件在木结构住宅承重框架中及关键节位置上的应用，极大地提高了木结构住宅的整体结构强度，提高了木结构住宅的抗震性能，并增加了木结构的美观度(图5-13至图5-16)。

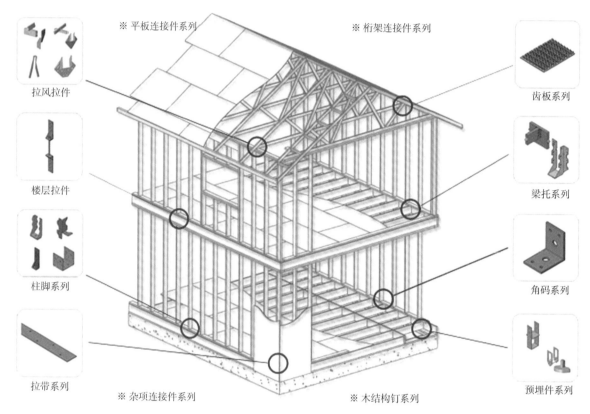

图5-13　金属钢制件在木结构建筑不同节点位置上的应用

图5-14　金属钢制件

图5-15　隐式预埋件

图5-16　构件连接细部

5.6　胶连接

胶连接是指利用结构胶将木材黏结在一起而使其受力或传递拉、压力的方式，常用于木材层板胶合和胶合木胶合。天然胶黏剂按来源分为动物胶、植物胶和矿物胶。人工合成树脂胶包括聚氨酯胶黏剂、酚醛间苯二酚胶黏剂、异氰酸酯胶黏剂和酚醛树脂胶黏剂等。不同的胶黏剂有不同的特性和使用方法，具体工艺与树种及胶黏剂有关。

5.7　植筋连接

随着现代工程木结构的发展，对木结构连接节点的强度及刚度的要求越来越高，传统的木结构连接形式有时难以满足现代工程木结构对节点设计的要求。

木结构植筋的做法主要是在胶合木构件的端头或连接处打孔，注入胶黏剂，插入植入杆，然后胶黏剂固化形成稳定的连接。通过胶将钢筋、木材黏结在一起，传递钢筋和木材中的应力，植筋—胶层—木材之间的黏结性能是木结构植筋节点结构性能的重要影响因素之一。

植筋连接作为一种新型的木结构连接形式，能够提供很高的连接强度和刚度，有效地传递载荷并且在连接处具有很好的防火和外观性能，能很好地满足现代工程木结构对高性能节点的需求，是应用于胶合木结构中的一种可靠的抗力矩连接方式。近年来，胶合植筋连接技术在木结构中的应用研究越来越广泛，很多国家都开始了这方面的研究，胶合植筋连接为木结构连接方式的技术拓展打下了很好的基础。

小结

本章通过木结构建筑不同连接方式和构造设计的讲解，分析其使用方法及适应环境，各节点受力及设计均应按照不同的连接方式的特点加以分析后再行选择使用，以保证结构的稳定性和可靠性。木结构的连接方式也随着技术的不断发展和进步更加多样化，技术领域的突破将会使木结构建筑有更好的拓展和适应性。

思考题

1. 轻型木结构建筑构造连接设计的方法有哪些？
2. 分析比较木结构建筑各连接方式的优缺点。

延伸阅读

1. GB50005—2017, 木结构设计标准[S]. 北京：中国建筑工业出版社, 2018.
2. 加拿大木业协会. 中国轻型木结构房屋建筑施工指南[M]. 2004.
3. 何敏娟. 木结构设计[M]. 北京：中国建筑工业出版社, 2018.

第 6 章

国内外设计案例解析

本章提要

近年来，世界范围的木建筑设计如雨后春笋般迅速发展，涉及住宅及公寓，办公建筑，大型公共建筑，酒店建筑，中、小型公共建筑，景观建筑，交通设施和城市景观小品等多个领域，木建筑也呈现出更加丰富多彩的态势，各大高校的建造节引入竹、木等材料探索建筑空间的多样性，本章以分类案例分析的形式帮助大家了解木建筑设计的现状和发展趋势。

6.1　住宅及公寓

6.2　办公建筑

6.3　大型公共建筑

6.4　酒店建筑

6.5　其他中，小型公共建筑

6.6　景观建筑

6.7　交通设施

6.8　木质材料在建筑其他部位的应用

6.9　城市景观小品及建造节

6.10　未来木建筑

6.1　住宅及公寓

案例 1　浙江东阳凤凰谷天澜酒店木结构度假别墅

项目地点：浙江省东阳市歌山凤凰谷
建筑设计单位：中天建筑设计研究院
竣工时间：2017 年

　　浙江东阳凤凰谷天澜酒店为使建筑在材料上自然地融入当地环境，使居住者感受天然舒适的材料特性，结合场地的特点，分别设计了三种不同风格的木结构别墅，通过设计赋予木材不同的性格，使建筑与周边环境对话。

　　三栋别墅的主体结构采用了北美黄杉胶合木（douglas fir glulam）的梁柱式结构与云杉—松—冷杉（SPF）的轻型木结构的混合结构体系（图 6-1 至图 6-3）。

图 6-1　梁和柱承重构件采用胶合木

图 6-2　室内采用轻型木结构

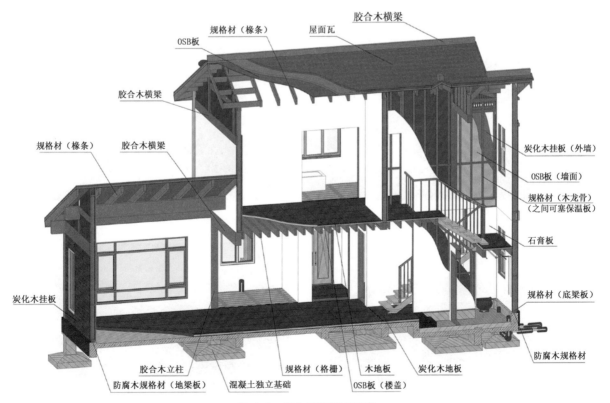

图 6-3　混合结构剖面示意

胶合木梁柱结构的承重构件——梁和柱,采用胶合木制作而成,并用金属连接件连接,组成共同受力的梁柱结构体系。由于梁柱式木结构抗侧刚度小,因此柱间通常需要加设支撑或剪力墙,以抵抗侧向荷载作用。胶合木梁柱结构赋予了别墅开阔舒适的会客和公用空间,为室内和室外的对话提供可能。

而轻型木结构在这一别墅项目中,则应用于相对私密的生活空间,舒适度高而且分隔灵活。轻型木结构主要为采用规格材、木基结构板材或石膏板制作的木构架墙体、木楼盖和木屋盖系统。轻型木结构构件之间的连接主要采用钉连接,部分构件之间也采用金属齿板连接和专用金属连接件连接。轻型木结构具有施工简便、材料成本低、抗震性能好的优点。

别墅有三种风格:中式风格、日式风格和美式风格。在结构上基本均采用了胶合木框架结构与轻型木结构填充墙体。别墅体现了亲近自然、与自然完美结合的设计理念,体现了木材的环保可再生性和设计的可持续性(图6-4至图6-9)。

梁柱式结构和轻型木结构的巧妙结合使得别墅同时兼顾了功能及美观的要求。

图6-4　中式风格别墅外观1

图6-5　中式风格别墅外观2

图6-6　日式风格别墅外观

图6-7　日式风格庭院

图6-8　美式风格别墅外观

图6-9　美式风格别墅的实木屋瓦

案例 2　The Virtuoso 多层木结构公寓

项目地点：加拿大不列颠哥伦比亚省温哥华

建筑师：Rositch Hemphill Architects

结构工程师：WHM Structural Engineers

工程木供应商：Structurlam

建筑面积：10 000m²

竣工日期：2017 年

图 6-10　坐落在混凝土地下车库上的木结构公寓

　　Virtuoso 是位于不列颠哥伦比亚大学(UBC)温哥华校区附近 Wesbrook 村的一栋 10000m² 的六层住宅公寓楼。是加拿大第一个使用轻木框架和重木混合建筑的项目，六层的木结构坐落在两层混凝土地下停车库之上(图 6-10)。住宅公寓包括 106 间两至三卧室的公寓和联排别墅，面积从 120~150m² 不等，局部露天平台面积达 80m²。

　　建筑物设有外露的木材元素，外墙和内墙均采用木结构建筑，通过引入正交胶合木(CLT)为面板代替常用的木质工字梁和胶合板地板，使建筑呈现出独特的木结构建筑风格(图 6-11)。电梯井、结构屋面板和外部阳台的墙壁上也用了正交胶合木(CLT)。Virtuoso 是一个采用混合木结构的创新原型，不仅适用于住宅建筑，也适用于商业建筑。

图 6-11　The Virtuoso 多层木结构公寓外观

案例 3　Kajstaden 住宅楼，瑞典

项目地点：Västerås, Sweden

建筑设计：C. F. Møller Architects

景观设计：C. F. Møller Architects

业主：Slättö Förvaltning

承包商：Martinsons and Consto

建筑面积：7500m²

竣工时间：2019 年

　　由 C. F. Møller Architects 设计建造的 Kajstaden 住宅楼位于瑞典韦斯特罗斯的 Kajstaden 区，享有美兰湖(Lake Mälaren)的优美景色。Kajstaden 住宅高九层，底层架空，建筑顶楼为复式。建筑物的所有结构，包括墙体、横梁、阳台、电梯及楼梯间等均由正交层板胶合木(CLT)建成(图 6-12 至图 6-15)，是瑞典目前最高的实木建筑。

图 6-12　瑞典 Kajstaden 公寓外部实景图

图 6-13　建筑立面细节

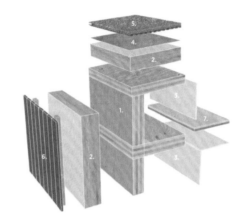

1.CLT板
2.绝缘层
3.石膏板
4.防水层
5.地面植物层
6.人造板
7.地板

图 6-15　正交层板胶合木(CLT)结构示意

住宅楼节点部位采用了机械接头和螺钉(图 6-16),使得建筑可以拆分,建筑材料可以回收再利用。木材较轻的自重也降低了材料的运输次数,在施工期间创造了更安全、安静、高效的工作环境。C. F. Møller Architects 设计的住宅属于北欧木构高层建筑系统的一部分,木材技术为建造的每个环节提供循环利用的新价值。

图 6-14　室内采用正交胶合木

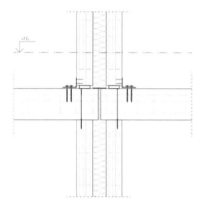

图 6-16　正交层板胶合木(CLT)连接方式大样

6.2　办公建筑

案例 1　苏黎世传媒集团 Tamedia 办公大楼(Tamedia Office Building)

项目地点:瑞士,苏黎世
建筑师:坂茂建筑事务所
项目面积:10 120m²
竣工时间:2013 年

苏黎世传媒集团 Tamedia 办公大楼是由日本建筑师坂茂和瑞士工程师共同合作完成的项目。建筑由纯木建成,经典雅致,拥有先进的防火技术,设计充分展示了日本木工的传统工艺。

玻璃幕墙外表下不是钢筋混凝土,而是木结构体系,包括柱子、横梁甚至楔子都是木材(图 6-17至图 6-22)。整个木结构的设计采用了独特的全木榫卯结构,耗费约 2000m³ 的云杉木。由于云杉笔直细腻的纹理和坚硬的质地使得构件的雕琢塑形精致美观，各部件接合十分精准（图 6 - 23 至图 6-25）。

图 6-17　Tamedia 办公大楼外观

图 6-18　施工中的 Tamedia 办公大楼

图 6-19　Tamedia 办公大楼室内 1

图 6-20　Tamedia 办公大楼室内 2

图 6-21　Tamedia 办公大楼室内 3

图 6-22　Tamedia 办公大楼室内 4

图 6-23　木构件连接示意图

图 6-24　木构件连接细节 1

图 6-25　木构件连接细节 2

案例 2　斯沃琪（Swatch）总部大楼

项目地点：瑞士，比尔市
建筑事务所：坂茂建筑事务所
竣工日期：2019 年

日本建筑师坂茂在 2019 年 10 月 3 日为瑞士斯沃琪（Swatch）—欧米茄（Omega）园区揭幕。该园区占地 46 778m²，设计历时 8.5 年，是迄今为止坂茂建筑设计完成的体量最大、类型最丰富的木结构建筑项目，也是全球最大的混合类大型木构建筑之一（图 6-26）。

新的斯沃琪（Swatch）总部大楼的弧形轮廓全长 240m，宽 35m，木网壳结构立面最高点达 27m。

图 6-26　斯沃琪（Swatch）总部大楼鸟瞰

设计团队用 3D 技术确定了约 4600 根木网壳梁的精确形状和位置，网壳屋顶结构由 7700 块经过专业开发程序计算的独特木片拼接而成。所有木片均精确到 0.1mm，以确保能在现场完成拼装（图6-27，图6-28）。蜂窝木网壳有三种基本的类型：不透明、半透明和全透明，由此带来室内不同的光影效果和视觉感官（图6-29 至图 6-31）。四层以上的建筑表面积逐层递减，分布着各种公共区域，包括自助餐厅以及不同间隔之间的小休息区（图6-32）。

图6-27 斯沃琪(Swatch)总部大楼模型

图6-28 木网壳结构施工过程

图6-29 网壳屋顶下的入口空间

图6-30 网壳屋顶下的室内光影效果

图6-31 不同透明度木网壳下的办公空间

图6-32 面积逐层递减的室内空间

6.3　大型公共建筑

案例 1　麦考瑞大学创业孵化中心

项目地点：Macquarie Park NSW 2113，澳大利亚

设计公司：Architectus

主创建筑师：Luke Johnson

建筑面积：953m²

竣工时间：2017 年

　　麦考瑞大学创业孵化中心由两个场馆组成，建筑延伸出的巨大屋檐与周边高大的桉树相呼应（图6-33，图6-34）。建筑主要建造材料为木材，大部分模块化的组件都是预制的。建筑使用正交胶合木为（CLT）制成的屋顶天花板、单板层积材（LVL）大跨度梁与 V 型胶合木柱子构成建筑的盒式结构体系（图6-35，图6-36），垂直维护体系采用胶合面板。

　　设计团队对多种几何形体进行了分析测试，确保其具有清晰的表达性、可建造性和结构创新性，在统一的结构体系中增加了视觉活力并实现了高效扩展的结构和便捷的制造安装。悬挑的屋檐使建筑

最低限度地吸收外部太阳能和热量，天然的木质材料和环境充分融合协调。

图 6-34　创业孵化中心夜景

图 6-35　CLT 屋顶天花板和 LVL 大跨度梁

图 6-36　V 形胶合木柱及天花板细部

图 6-33　创业孵化中心外观

案例 2　澳大利亚 Bunjil Place

项目地点：2 Patrick NE Dr，Narre Warren VIC 3085，澳大利亚

建筑师：fjmt

设计团队：Richard Francis-Jones（设计总监）Jeff Morehen，Geoff Croker，William Pritchard，Lina Sjogren，Annie Hensley，Andrew Chung，David Moody，Fleur Downey，Iain Blampied，Laura Vallentine，Amanda Bey，Bradley Kerr，Nic Patman，Marco Coetzee，Jessica Kairnes，Lance White，Estelle Roman，Natalie McEvoy，Phoebe Pape，Richard Black

建筑面积：24 500m²

竣工时间：2017 年

　　班吉尔广场（Bunjil Place）位于东墨尔本的凯西市，由 Francis-Jones MorehenThorp（fjmt）建筑工作室设计，是大型的公共文化娱乐建筑。

　　Bunjil Place 是一个包容性极强的多功能建

筑，总建筑面积 24 500m²，包括咖啡馆、艺术画廊、可容纳 350 人的会议功能空间、可容纳 800 人的表演艺术中心、休憩空间的社区广场、社区图书馆、多功能工作室和小型贸易展览等空间。

设计灵感来自澳大利亚原住民神话，Bunjil 是一个创世神，通常被描绘成一只鹰，宏大的木曲线屋顶结构是雄鹰翅膀的象征（图 6-37）。

班吉尔广场室内共三层，贯通一、二、三层的主大厅由两根巨大的网状木支柱支撑，中庭的胶合木结构连接复杂的曲线屋顶。胶合木优异的强度重量比让结构设计的有机形状得以实现，使屋顶呈现出流动轻盈之感。广场主大厅天花板全部网状木质结构，朴实明快，木结构的形式加强了建筑群的开放性和融入性，公共开放空间延伸的方式使得整个广场具有更好的活力（图 6-38 至图 6-41）。该项目荣获 2018 年度澳大利亚木材设计奖（ATDA）冠军，同时获得 2018 年 RTF 全球建筑与设计奖和维多利亚公共建筑奖。

图 6-37　班吉尔广场入口

图 6-38　入口的开放性

图 6-39　网状木支柱

图 6-40　网状木质天花

图 6-41　胶合木结构连接屋顶

案例3 挪威 MjøsaTower

项目地点：挪威布鲁蒙德尔
建筑师：Voll Arkitekter
建筑面积：15000m²
竣工时间：2019 年

Mjstrnet 位于挪威的布鲁蒙德尔，坐落于 Brumunda 河畔，是目前挪威也是世界上最高的木结构建筑。建筑总高度 85.4m，共 18 层，包括公寓、酒店、游泳池、办公空间和餐厅。建筑每层约640m²，每层有不同的功能，可以供当地居民和游客使用，是一幢具有综合功能的大型木结构建筑。整个大楼内有四层是酒店，一楼是公共区域，有大厅、接待处和餐厅，12~16 层为住宅，在 18 楼和19 楼设置了展览室和公共观景台。MjøsaTower 真正地用木材代替了钢筋混凝土材料，使用了大约3500m³ 的木材，开启了木材创新建筑的里程碑（图 6-42 至图 6-45）。

图 6-42 MjøsaTower 外观

图 6-43 MjøsaTower 立面细部

图 6-44 MjøsaTower 公共观景台

图 6-45 MjøsaTower 室内公共区域

6.4　酒店建筑

案例 1　富春江畔的船屋

项目地点：建德梅城
设计单位：中国美术学院风景建筑设计研究总院
总建筑面积：1650m²
竣工时间：2018 年 1 月

　　酒店坐落在建德富春江畔，梅城古镇东约 5km 处。"船屋"的概念和形态，源自当地的古老风俗——船居文化。五艘船屋横斜在树冠之间，船身 2/3 飘在湖面上，轻盈灵动（图 6-46 至图 6-48）。作为酒店客房，船屋成为一种独特的居住体验。在 50m² 的空间内，岸上的船尾作为入口玄关和卫生间，中间顶部设置天窗成为室内的景框，船头整面落地窗，可一览无余地观看户外的优美景色（图 6-49，图 6-50）。

图 6-46　富春江畔的船屋

图 6-47　轻盈灵动的船屋

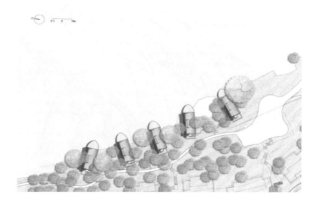

图 6-48　"船屋"总平面图

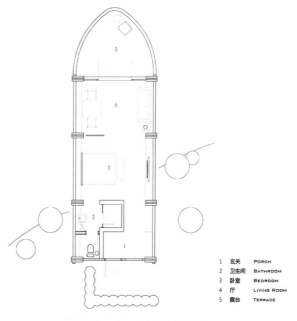

1	玄关	PORCH
2	卫生间	BATHROOM
3	卧室	BEDROOM
4	厅	LIVING ROOM
5	露台	TERRACE

图 6-49　"船屋"平面图

　　船屋采用木结构体系，结构构件由工厂预制后在现场组装，船屋主体由插入湖底淤泥中的钢管桩提供支撑。

　　拱形的船身结构，由四组三铰拱木拱梁通过五根圆木连接为整体，每组三铰拱由左右两个对称半拱吊装拼接，每个半拱由北美花旗松胶合拱梁组合而成，拱顶的小交叉真实反映了拱结构的对接特征（图 6-50）。内部红雪松挂板使用水性清漆保持原木纹理和触感（图 6-51），外部采用了三种尺寸的红雪松木瓦上下微错的铺装方式，质感自然。

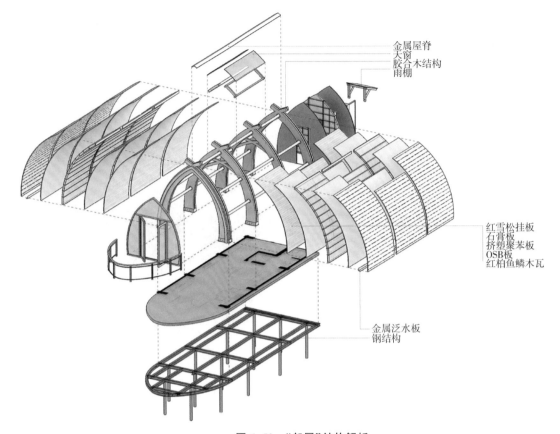

金属屋脊
大窗
胶合木结构
雨棚

红雪松挂板
石膏板
挤塑聚苯板
OSB板
红柏鱼鳞木瓦

金属泛水板
钢结构

图 6-50　"船屋"结构解析

图 6-51　"船屋"室内空间

图 6-52　"船屋"拱形空间的结构细节

　　拱形空间天生的方向性，引导了结构的序列和节奏，建筑内外清晰可见拱梁和圆木构成的完整结构体系。结构具有逻辑性并去装饰化，展现建筑的结构美学和空间张力（图 6-52，图 6-53）。

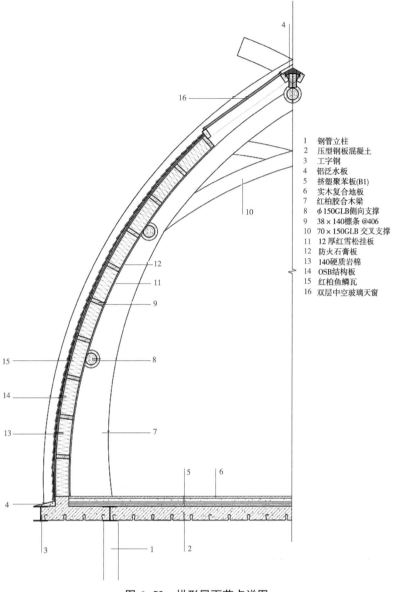

1	钢管立柱
2	压型钢板混凝土
3	工字钢
4	铝泛水板
5	挤塑聚苯板(B1)
6	实木复合地板
7	红柏胶合木梁
8	φ150GLB侧向支撑
9	38×140檩条 @406
10	70×150GLB 交叉支撑
11	12 厚红雪松挂板
12	防火石膏板
13	140硬质岩棉
14	OSB结构板
15	红柏鱼鳞瓦
16	双层中空玻璃天窗

图 6-53 拱形屋面节点详图

案例 2　非洲博茨瓦纳 Sandibe 游猎营地酒店

设计公司：Michaelis Boyd 建筑事务所

Nicholas Plewman 建筑师事务所与米斯康博德协会(MBA)合作，通过有趣的设计和环保策略，完成了博茨瓦纳 Sandibe 游猎营地酒店的营造。

建筑群由 12 个 116m² 的小木屋组成，包括办公室、厨房和一家餐厅(图 6-54)。设计采用当地木材，地面之上没有混凝土的痕迹，建筑的 90% 由木材组成。外部采用加拿大的雪松制成木瓦。由于建筑外形的设计与动物的庇护所或温暖的巢穴相似，所以建筑给人一种非常舒适和安全的感觉(图 6-55 至图 6-56)。

建筑提供了完全自给自足的能源系统，十分环保。酒店所消耗的所有电力均来自不远处的太阳能农场。水和土壤废物通过生物处理收集和泵送，以减少酒店对该区域的影响。酒店建筑群对自然和当地动物的生活产生的影响微乎其微：大象、狮子、豹子、长颈鹿和河马可以随意的出没在建筑物周围。设计师通过酒店亲密温暖的空间营造使人们感受周围环境的野性，同时产生与大自然接触的温暖感(图 6-57 至图 6-60)。

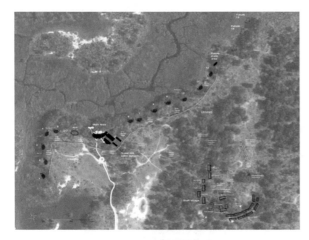

图 6-54　酒店总平面图

图 6-57　公共用餐及休息空间

图 6-55　公共空间入口

图 6-58　木屋套房

图 6-59　木屋套房入口

图 6-56　优雅的酒店空间

图 6-60　套房室内

案例 3　上海西郊宾馆意境园餐厅

设计单位：上海绿建建筑装饰设计有限公司
建筑面积：856.64m²
竣工时间：2018 年 10 月

意境园餐厅坐落在上海西郊宾馆内，是西郊宾馆举办活动的重要场所之一。餐厅从结构到装饰大量使用了加拿大花旗松木材，与周围景观相得益彰，为来宾营造了温暖、自然、和谐的就餐环境。餐厅包含了一个 383m² 的宴会厅、宽敞的迎宾区和厨房。

设计的初衷是创造一个多功能、简洁的建筑，凸显它临湖私密幽静的地理位置，并与周围的树林融为一体。餐厅的结构象征着一排排大树从地面生长至屋顶，体现出蓬勃向上的生命力（图 6-61）。胶合木梁和 SPF 的檩条支撑着六顶树叶形状的屋面，组成了丰富的三角形结构，木骨架是由加拿大花旗松经本地工厂加工制成（图 6-62，图 6-63）。

胶合木结构建筑所营造的空间细腻丰富，与所处在的环境充分契合。屋面采用尺度相等的折板相互错落拼合，几何逻辑清晰、简练，所形成的室内空间灵动且个性鲜明，兼具层次感与秩序感，同时又带有传统建筑质朴优雅的韵味。折板屋面顶部的天窗可改善建筑的采光条件，阳光从天窗照射下来的光影使得空间灵动而充满活力（图 6-64）。

图 6-61　树形结构的力学美感

图 6-62　三角形建筑折板形态

图 6-63　走廊灰空间

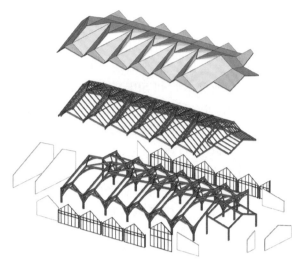

图 6-64 折板屋面及空间关系示意图

图 6-65 室内空间 1

建筑室内装饰也以木材为主要材料，通过木格栅疏密相间的设置，呈现出中国古代写意山水画的线条与肌理，隐喻了中国传统中对宁静、悠远的自然环境的向往（图 6-65，图 6-66）。整幢建筑木材用量约 212m³，屋顶和墙面填充材料用了 SPF（云杉—松木—冷杉的组合材），为建筑物增添保温性和节能性。主体框架使用了结构材级别的花旗松，这种木材的牢固性和木纹理兼顾了建筑物的安全性和空间的美感，天花板和墙面的装饰则用到了质地细腻的铁杉。建筑以较小的建造代价，塑造了精彩的空间与迷人的形式，充分体现了木结构自然、温暖的质感，以及几何学与力学的美感。木结构及其施工方式的选择，使得整个建造过程尽量减少对场地的侵扰与破坏，最大限度地保留了原有的树木及景观氛围。

图 6-66 室内空间 2

6.5 其他中、小型公共建筑

案例1 吉野托儿所和幼儿园

项目地点：Mutsu, Aomori Prefecture, Japan
设计公司：手塚建筑研究所
设计团队：TEZUKA ARCHITECTS
场地面积：2975.00m²
建筑面积：1004.84m²
竣工时间：2015 年 9 月

吉野保育园位于日本青森县下属的小城陆

奥，建筑的形态整合了当地环境和儿童天生的活动方式而形成。保育园椭圆形屋顶有着优美的曲线，没有起点和终点，屋顶只在它最南端的部分接触地面。斜坡可以激发儿童奔跑的欲望，幼儿园的屋顶覆盖着软橡胶以避免孩子受伤（图 6-67，图 6-68）。

幼儿园建筑完全由木材制成，材料良好的触感使孩子们爱上园内的室、内外空间，裸露的材料使孩子们倍感舒适温暖（图 6-69 至图 6-70）。

图 6-67　建设中的框架屋顶

图 6-69　外部活动空间

图 6-68　优美的椭圆形屋顶

图 6-70　室内活动空间

案例 2　林建筑——与自然树木的共舞

项目地点：北京大运河森林公园
设计单位：迹·建筑事务所（TAO）
建筑面积：4000m²（一期：1830m²）
设计时间：2011—2013 年
施工时间：2012—2014 年

　　项目位于大运河边的公园里，基地里有大片树林，受到树林形态和规律的启发，设计首先以柱子为中心并伸出四条悬臂梁的树状结构单元，以此确定格网的尺度。梁柱单元在格网基础上重复组合形成整体的空间结构。柱子的高度高低不同，使整体空间产生起伏，屋顶也因此成为一个生动的人造景观（图 6-71，图 6-76）。

　　设计选择了木结构梁柱，建筑外部为了强调树形结构的形式，有意识地将结构呈现在立面上（图 6-72，图 6-73，图 6-77）。室内夹层、房间等空间采用钢板、玻璃等与木结构结合的形式，就餐、聊天、聚会的等空间在视觉上形成悬浮或散落于木结构树林空间中的意象（图 6-74，图 6-75，图 6-78）。围护结构以玻璃幕墙为主，以便外部的风景最大化地进入内部。实体部分则就地取材采用现场基础施工挖出来的土做成夯土墙，夯土可以自然呼吸，有效调节室内的相对湿度。

图 6-71　树林中建筑

图 6-75　室内空间

图 6-72　半室外空间

图 6-76　工作模型

整个建筑坐落在一个从地面上抬起的混凝土平台上，一方面有利于木结构防潮，另一方面将机电设备系统及检修空间布置于平台之下，使屋顶解放出来不用再做吊顶，而还原为纯粹的结构和空间（图 6-79）。屋面的木瓦外露，表面不做任何防腐处理，经过自然风化后色彩将变灰以期更融入环境。建筑空间本身不具有明显的方向性。视线跟随外面的风景，正如在树林中漫步，建筑空间与结构的形式、材料、光线形成了整个场所特有的气质和氛围（图 6-71 至图 6-73）。

图 6-73　树下空间

图 6-74　夹层空间

图 6-77　木结构梁柱

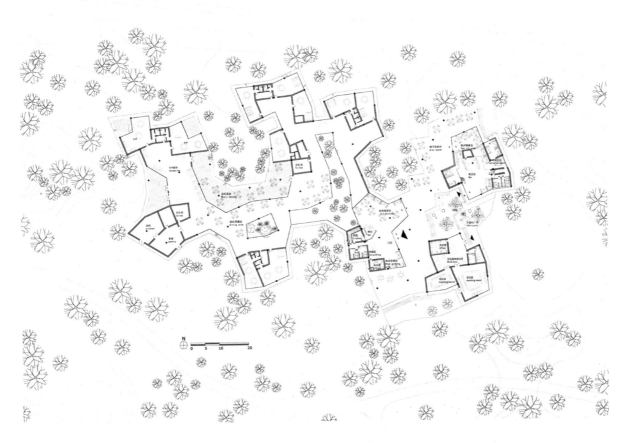

图 6-78　底层平面图

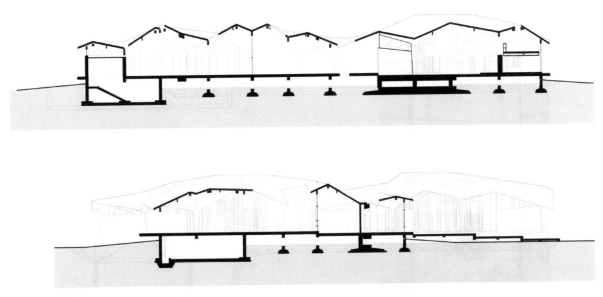

图 6-79　剖面图

案例3 日本乡野教堂

设计公司：Yu Momoeda Architecture Office
建筑面积：125.27m²

在日本长崎国家公园的美丽环境之中，设计师通过传统日式木结构体系打造了一个新哥特教堂式建筑。一束束向上延伸的树状单元，在教堂室内营造了一个悬空穹顶(图6-80，图6-81)。第一层树状柱单元由4根120mm的立方柱组成，第二层由8根90mm的立方柱组成，最高一层由16根60mm的立方柱构成。设计师通过对最底层树状柱的减少来增大地面层的使用面积(图6-82，图6-83)。树状结构设计灵感来自于传统日式木结构系统，木结构承受约25t的屋面荷载。设计与传统哥特式教堂结构有异曲同工之妙，三层架构将内部空间与结构融为一体(图6-84，图6-85)。

图6-82 4根120mm立方柱作为底部支撑

图6-83 第二层由8根90mm的立方柱组成

图6-80 从外观望教堂内部

图6-81 教堂内部空间

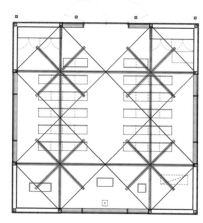

图6-84 平面图

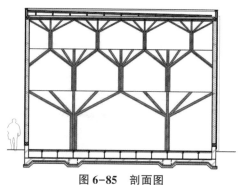

图6-85 剖面图

案例 4 梼原木桥博物馆

项目地点：日本高知
设计公司：隈研吾都市设计事务所
建筑面积：445.79m²
建造时间：2010 年 2~9 月

由日本隈研吾建筑事务所（KENGO KUMA AND ASSOCIATES）设计的"梼原木桥博物馆"（Yusuhara Wooden Bridge Museum）位于日本高知县。该方案将日本传统美学与当代建筑元素相结合，力求让建筑与周边自然景观和谐共处。

桥型的博物馆连接了两个被路分开的公共建筑，由于基地客观条件的限制，建筑被设计成一个极具雕塑感的三角形体量，这个形式呼应了附近山体和周边建筑的轮廓（图 6-86，图 6-87）。博物馆采用本地红杉木，整个结构采用 180mm×300mm 的胶合木牛腿堆叠而成。

位于博物馆顶部的玻璃平台为室内引入自然光线，促进了建筑与周边环境的融合。重叠的木梁结构更加突出了整个建筑倒三角的形式特点（图 6-88，图 6-89）。

飘浮在空中的建筑由无数相互交织排列的木梁架组成（图 6-90，图 6-91），所有结构都由建筑底部的一根中心支柱支撑。桥型博物馆两头设有两部全玻璃景观电梯，两个透明的玻璃体被巧妙的隐藏在背后的植物景观中，突出了全木质结构的建筑主体。

图 6-86 具有传统美学的木桥博物馆

图 6-87 与周围环境和谐的外观

图 6-88 重叠的木梁结构细部

图 6-89 建筑空间的相互渗透

图 6-90   交织排列的木构架

图 6-91   连廊空间

6.6   景观建筑

案例 1   西班牙大都市阳伞

设计公司：J. MAYER H. Architects
竣工时间：2011 年

由德国 J. MAYER H. Architects 设计公司建筑师 Jurgen Mayer-Hermann 设计的大都市阳伞是塞维利亚的标志，也是世界上最迷人的文化景点之一。最初的设计方案是建一个停车场，但在挖掘地基的过程中，发现了地下的考古遗迹，为了保护遗迹，当地政府决定将此地改建为一个公共广场。修改后的方案由六个蘑菇状的单体组成，彼此连接形成包括博物馆、农贸市场、文化中心、餐厅酒吧在内的建筑群，市民和游客可以在巨大的伞下散步休闲，还可以欣赏历史遗迹，也可以登上建筑屋顶，以独特的视角观察城市风光（图 6-92，图 6-93）。

项目建筑面积 5000m²，总长度 150m，宽度 70m，建筑高度约为 28.5m，建造成本约 9000 万欧元。都市阳伞的地下层是博物馆，用于展示在此地发现的罗马和摩尔人遗迹，一楼为农贸市场，为本地居民日常生活空间，二楼和三楼为休闲和商业服务中心，设有全景的露台和餐厅，登上屋顶走廊可观赏城市景色（图 6-94，图 6-95）。

图 6-92   都市阳伞鸟瞰

图 6-93   "伞"下空间

涂了防火耐腐的聚亚安酯涂料。立柱是进入博物馆、广场和观景台的入口，在历史和现代之间构建起特殊联系。

　　阳伞顶部由 1.5m×1.5m 的几何格状构成木造蜂巢结构，所有组件与面板有组织而密集地组构生长，形成巨大的屋顶（图 6-95，图 6-96）。设计灵感来自于塞维亚城市的拱形教堂、摩尔人的装饰、安达鲁西亚特有的格栅手法以及大片广阔的森林。巨大的木制蘑菇云，盘旋于古城中央，波动起伏的木板组合而成的有机形态构成了整体建筑，与周围中世纪风格的建筑形成鲜明对比。

图 6-94　生长的木质蘑菇屋顶

图 6-96　木构格细部

图 6-95　屋顶观景走廊

　　大都市阳伞由六把阳伞组成，基座是混凝土柱，钢架支撑，外部和顶部全是木制结构，并喷

　　如今，大都市阳伞已经成为塞维利亚市中心的新地标，这个充满流动感的艺术品成为了这座城市生活最真实绚烂的舞台。

案例2 杨树浦驿站人人屋

项目地点：上海市杨浦滨江杨树浦港东侧
建筑设计：同济·原作设计工作室（章明/张姿）
项目面积：72m²
竣工时间：2018年7月

人人屋是杨浦滨江南段公共空间的一处滨水驿站，是向每一位市民敞开提供休憩驻留、日常服务的温暖小屋，故取名为人人屋。作为驿站，人人屋为市民提供了直饮水、医疗急救、全息沙盘、微型图书室等服务，完善了日常性的功能。设计源自场地历史的材质特征，人人屋的所在场地是祥泰木行（始于1902）的旧址。据周边老产业工人回忆，直到20世纪90年代还有大量直径1m以上的木材在这段沿江区域运输、加工、分解。基于这样的历史背景，设计从一开始便确定了采用钢木结构的策略，希望温润的木质能够唤起人们对这段滨江历史的回顾与感知（图6-97，图6-98）。

木结构构架的设计以人字形落地杆件为基本单元，不断重复并相互支撑形成整体空间结构，这也是取名人人屋的另一层含义（图6-99，图6-100）。

木杆件为云杉胶合木，空间结构模数为800mm，截面尺寸为60mm×60mm。构件全部标准化、工厂预制并现场完成拼装（图6-101，图6-102）。设计以相互连接的细密杆件代替尺度较大的梁柱体系，以共同作用的系统代替独立作用的系统，缩减了建筑体量，并使得内部与外部保持一种连续的、独特的空间体验（图6-103至图6-105）。同时外置的木构架成为滨水景观之中的重要元素，使人人屋在密林草丛之中折射出木构建筑的温润之光。

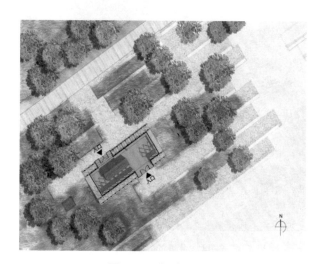

图6-98 场地平面图

图6-97 人人屋外观

图6-99 剖面图

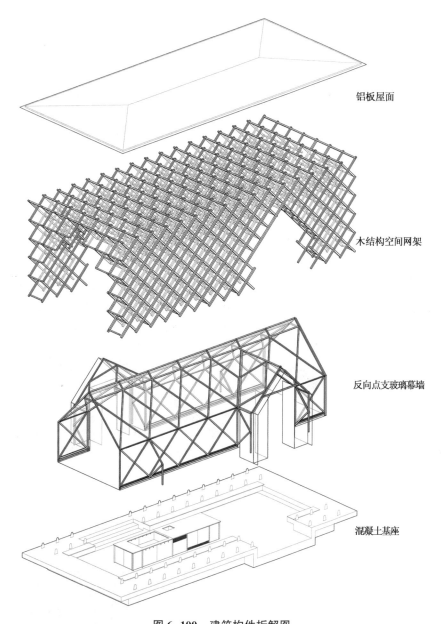

铝板屋面

木结构空间网架

反向点支玻璃幕墙

混凝土基座

图 6-100　建筑构件拆解图

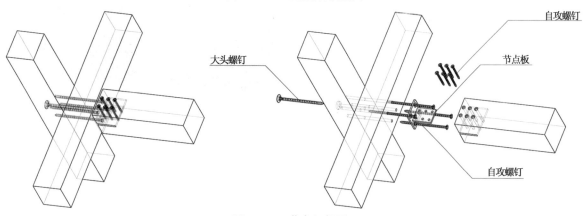

自攻螺钉

大头螺钉

节点板

自攻螺钉

图 6-101　节点细部图 1

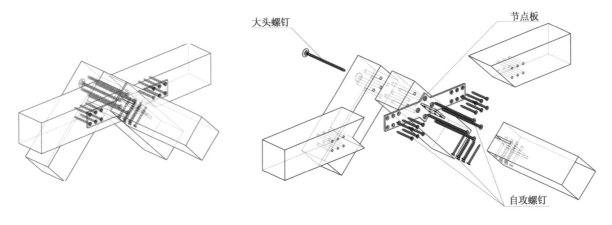

图6-102   节点细部图2

图6-103   建筑内部空间

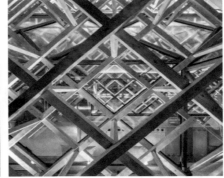

图6-104   木构架细部

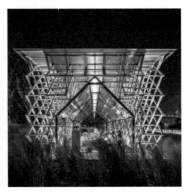

图6-105   人人屋夜景

案例3   南非树屋，House Paarma

项目地址：Constantia Main Road，Constantia，Cape Town South Africa

设计公司：Malan Vorster Architecture Interior Design

建筑师项目团队：Pieter Malan，Jan-Heyn Vorster & Peter Urry

结构设计：Henry Fagan & Partners

景观设计：Mary Maurel Gardens

图6-106   建筑与环境充分融合

House Paarma位于一片草木葱茏的环境中，设计灵感来自于场地中的树木。建筑师将建筑外观设计成和周围树木相一致的垂直线条，建筑像树屋一样隐藏在风景中（图6-106）。

建筑为悬挂式的木质结构，入口处配有钢制舷梯，轻盈地落在地面上。建筑一层是起居空间，二层是卧室，顶层配有一个观景露台。柱、悬臂和环状结构由激光切割的钢板支撑，梁柱之间采用了树枝状的支撑结构，所有的材料都保持原始未经处理的质感，和周边的树木协调融合（图6-107至图6-110）。

图 6-107　室内空间

图 6-109　支撑结构细部 1

图 6-108　两层通高空间

图 6-110　支撑结构细部 2

案例 4　芬兰瞭望塔 Periscope Tower

设计公司：OOPEAA
面积：35m²
竣工时间：2016 年

Periscope Tower 观测塔位于 Seinäjoki 临近市中心的人工湖边，观测塔项目是湖岸景区再造计划的一部分，2016 年由 OOPEAA 公司为 Seinäjoki 房屋交易会开发建造。项目的设计宗旨是为当地社区提供观景娱乐及知识普及作用，并持续向所有居民开放。

Periscope Tower 可让观察者们和风景进行对话（图 6-111，图 6-112）。整栋建筑完全是由木头制造的，建筑由一个十字形叠层木材制成的核心和一个外部的木框架构成，位于外部的木框架是一个承重结构（图 6-113），墙壁和楼梯是由落叶松木制成（图 6-114，图 6-115）。十字形叠层木材制成的内部核心为观测镜形成了框架，这个特大的观测镜被楼梯环绕着，在观测塔镜子帮助下，可以欣赏周围的美景（图 6-116）。观察者可以爬上楼梯或者在观景台上欣赏周围的风景，也可以留在地面，通过地面上的观测镜进行观赏（图 6-117）。

图 6-111   观测塔外部实景

图 6-112   观测塔入口

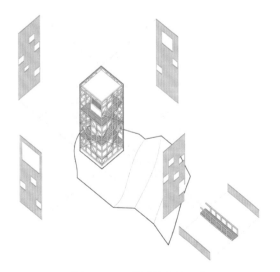

图 6-113   观测塔分解示意

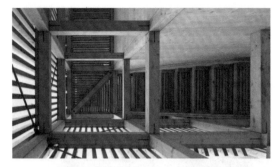

图 6-114   观测塔内部实景

图 6-115   观测塔局部实景

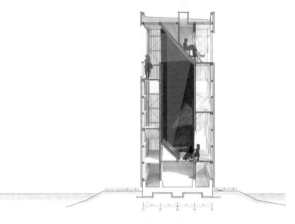

图 6-116   观测塔剖面图示意

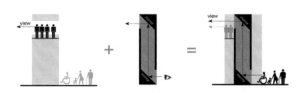

图 6-117   不同高度的观赏点

案例 5　瑞士建筑师联合学生建造的倒影亭／Studio Tom Emerson

项目地点：瑞士苏黎世
建筑师 Studio Tom Emerson
竣工时间：2016 年

　　"倒影展馆"是建在苏黎世湖上的一个漂浮平台，由瑞士联邦理工学院的 Studio Tom Emerson 专门为 Manifesta 艺术展而设计建造（图6-118，图6-119）。展馆是一个用木头制作的平台，包括了塔架、看台、酒吧、阳光甲板和一个开放式的电影院和游泳池，酒吧的屋顶和塔架一起形成了具有独特轮廓的木格子屋顶。

图 6-120　露天游泳池

　　露天游泳池边可以举办各式各样的公共活动，旁边设有观众席，晚上可给看电影的人提供座位，巨大的 LED 屏幕与城市形成了对话（图6-120，图6-121）。

图 6-118　漂浮平台上的倒影建筑

图 6-119　连接岸边的木栈道

图 6-121　举办公共活动的观众席

案例6   葳蕤之中的瞭望塔：模块化概念树屋 Bert

设计公司：Studio Precht

设计团队：Fei Tang Precht, Chris Precht, ZiZhi Yu

设计时间：2019年

Baumbau 是一家专门从事小型住宅、树屋和替代性旅游建筑的公司，Bert 是 Precht 与 Baumbau 首次合作的项目。Precht 工作室为生态建筑企业 Baumbau 设计了一系列截断的木制树屋。这个被称为"Bert"的项目概念来源于森林中的树屋，设计试图通过孩子的眼睛让人们体验建筑和自然（图6-122）。

Bert 被概念化为由森林塑造的树屋，如同树的树干，建筑物以最小的占地面积与土壤相连，所有功能被堆叠在上方，并朝着不同的方向展开分支，立面上叶状木瓦保留棕色调，充分融入自然环境（图6-123）。室内空间采用深色织物渲染，营造舒适温暖的氛围（图6-124，图6-125）。

图 6-123   立面上的棕色叶状木瓦

图 6-124   室内空间 1

图 6-122   模块化树屋外观

图 6-125   室内空间 2

虽然 Bert 是一个小房屋，但它具有将模块扩增为更大结构的可能性，从花园房屋到多户住宅再到酒店或在城市中的建筑。Bert 作为一个模块化房屋体系，所有的部件都是工厂预制的，然后在场地中组装成型。在整个生命周期中，Bert 可以通过增加新的模块灵活地实现增高和加宽，通过增加组件和模块进行升级和扩增，使得功能变得越来越丰富，具有创意性、模块化、智能与可持续的特征（图 6-126），Baumbau 将在不久的将来在全球范围内推行这一独特的结构。

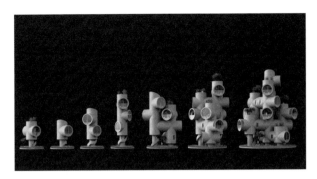

图 6-126　模块可沿着不同的方向向外伸展形成丰富的建筑功能和形体

案例 7　高速电车充电站

项目地点：Fredericia，Denmark
建筑师：COBE
工程师：Arup
面积：400m²

电车车站位于丹麦的弗雷德里夏市，是丹麦、瑞典和挪威公路沿线网络的一部分。雷德里夏市拥有茂密的树叶和天然树木，木材作为建筑材料体现了建筑的可持续设计。

充电站以一系列拥有茂盛"树冠"的"大树"形态展现，这些"树冠"可以过滤阳光，为下部空间提供遮挡，营造一个平静的休息空间氛围（图 6-127，图 6-128）。模式化的建造方式使得设计可以量化，单一的"树"组件可以倍增成为一个完整的"树林"，满足日益增长的充电站需求（图 6-129 至图 6-131）。

图 6-128　充电站树状外观

图 6-129　"树顶"细节

图 6-127　融入环境的茂盛"树冠"

图 6-130　"树枝"支撑结构细节

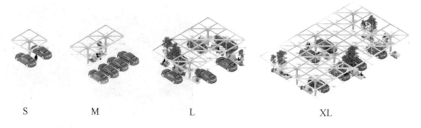

图 6-131　模式化的建造方式

6.7　交通设施

利用木材可以制造许多不同尺寸及规格的桥梁。木质桥梁拥有长久的耐用性，且维护修缮的成本费用较低。木材重量轻、强度大，可以根据要求制作预制构件，经运输后对在实地进行木桥梁的组装，快速组装可在一定程度上减少施工对交通的影响。

案例 1　内卡尔滕茨林根曲梁桥

建筑师：Ingenieurbüro Miebach
面积：360m²
竣工时间：2017 年

内卡尔滕茨林根曲梁桥横跨德国的内卡河，总长为 96.3m。桥体设计为三段式，桥的中段长度为 44.5m，前后两端的引桥部分对称分布，长度各为 25.9m。桥身被分为左右两部分分别制造，而中间部分留空，用于铺设电缆。

桥体参照了悬臂木梁桥的设计，采用连续铰接梁以满足在桥墩上方较大支撑力矩的要求，横截面逐渐增大的胶合木梁在水平方向上层层叠加黏合，在悬臂末端减少木梁的数量，形成弧线形的桥拱造型。（图 6-132 至图 6-135）。

阶梯状的木梁按照 30° 内倾角拼接，桥面出挑的部分对下部的木结构起到保护作用，桥梁共使用约 250m³ 的木材，在稳固性方面，可以媲美钢结构或混凝土桥梁。

图 6-133　曲梁桥外观 2

图 6-134　桥底细部

图 6-135　桥底胶合梁的水平叠加

图 6-132　曲梁桥外观 1

案例 2　浙江丽水石门圩廊桥

建筑事务所：DnA 建筑事务所
建筑面积：460m²
竣工时间：2017 年

浙江省丽水市松阳县望松街道石门村和石门圩两个村庄位于松阴溪两岸。2016 年松阴溪景区的建设给连接两个村庄的原有大桥的改建带来了可能（图 6-136）。设计师结合松阴溪沿岸绿道的游览路线，保留原石门大桥并改造为步行廊桥，成为松阴溪景区的一个重要景观节点。新建的廊桥成为两个村庄村口的共享公共空间，如同过去的风雨桥。

石门廊桥采用木装配结构，外形借鉴当地的建筑形态。廊桥沿 263m 的大桥的展开，桥拱廊顶在空间设计上封闭开放交错，呼应大桥的结构韵律，形成线性路径上光影交错的节奏（图 6-137 至图 6-140）。

图 6-138　廊桥局部

图 6-136　连接两村的桥梁改建模块示意

图 6-139　廊桥内部开放空间

图 6-137　廊桥外观

图 6-140　廊桥内部开放与封闭空间交错

案例3　苏州市吴中区胥口镇胥虹桥

南京工业大学现代木结构研究团队于2011年成功设计了世界最大跨度的木拱桥——苏州市吴中区胥口镇胥虹桥。木拱桥全长120m，主跨度75.7m，除桥桩基础是混凝土以外，桥体全部由木头构筑。

桥面呈喇叭口状，桥头位置宽12m左右，拱顶最窄处6m。虽然大桥是木制结构，跨度较大，但桥面可承载重量高达195t。木拱桥共耗费400m³的木材，全部采用7cm宽、3cm厚、2m左右长的木条拼接胶合而成，原料是欧洲赤松，所有木料都经过高温加压和防腐处理，通过现代技术手段，将木材胶合、挤压，形成木拱桥所需的弧度(图6-141至图6-143)，胥虹桥是目前世界跨度最大的重型木结构拱桥。

木质桥梁可用于重型和轻型交通，提供纯步行、大型机动车通行或是机非混行等(图6-144至图6-146)。一座15~20m长的层积材公路桥与相同大小的混凝土桥相比较，前者的经济实用性是后者的20~30倍，木桥的服务维修成本也低于其他桥梁。

标准型的桥梁还可采用较高程度的预制产品，表面处理、管道安装、栏杆固定以及预钻孔都可以在工厂里完成，即使在情况复杂的场地也可以进行安装，并且由于安装速度较快，安装对交通造成的干扰也可以减少到最低程度。

图6-141　远观胥虹桥

图6-142　桥底木制结构细部

图6-143　桥体外观细节

图6-144　步行木桥

图6-145　大型机动车木桥

图6-146　机非混行木桥

6.8　木质材料在建筑其他部位的应用

6.8.1　木材应用于屋顶

案例 1　列治文椭圆冬奥速滑馆

项目地点：加拿大不列颠哥伦比亚省列治文市
建筑设计：Cannon Design 建筑设计公司
屋顶结构工程设计：Fast+Epp 结构工程咨询公司
木设计及建造：StructureCraft Builders 建筑设计公司
建筑面积：47000m²

列治文奥林匹克椭圆速滑馆是 2010 年冬季奥运会标志性建筑，同时也是先进木结构工程设计的应用先例。速滑馆的最大特点是耗资 1600 万加元的椭圆木结构屋顶，该屋顶是世界上净跨度最大的木结构建筑之一，其覆盖面积为 2.4hm²，约等于四个半足球场的面积大小（图 6-147 至图 6-150）。

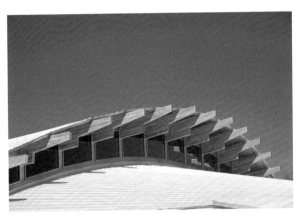

图 6-149　屋顶拱形结构

图 6-150　木制曲梁和轻型木结构屋面板

图 6-147　速滑馆外观

图 6-148　速滑馆木结构屋顶

屋顶所使用的标准材料是由卑诗省工厂直接提供的，包括：2400m³ 的 SPF 规格材，用作屋顶板的 19000 张花旗松胶合板和用作胶合梁的 2400m³ 花旗松原木材。工厂预制的"木浪"结构屋面板横跨于间距约为 12.8m 的曲梁之间，"木浪"结构由普通的 38mm×89mm SPF 规格材构成，通过几何设计使其兼顾了结构牢固和吸声效果。这一设计处理不仅经济合理，同时为建筑增添了独特的轻盈美感。轻型木结构框架成功运用在大型木结构屋顶的设计，标志着加拿大卑诗省木材设计和制造行业登上了世界级舞台。

案例 2   温哥华的 VanDusen 植物园游客中心

设计单位：Perkins + Will
建筑面积：1765m²
竣工时间：2011 年 8 月

VanDusen 植物园坐落在温哥华市中心，是由 Perkins+Will 建筑事务所设计的。游客中心的灵感来自于有机形式的原生兰花，项目最具创新性的特点是自由形式的屋顶结构（图 6-151）。

屋顶由 71 个不同的面板组成三个轴曲面，每一个都有不同的几何形式。所有面板均由森林管理委员会 FSC 认证的道格拉斯冷杉预制，并预先安装了保温隔热板、喷灌照明管道、声衬、天花板板条等。

建筑起伏的景观，包含从地面上升起到屋顶的室内外空间，为种植植物提供巨大空间，使建筑很好地融入了当地的环境。建筑包含多种被动及主动的能源系统，设计因为重新利用场地的可回收资源和建筑自身排放的垃圾而被评为绿色建筑（图 6-152 至图 6-155）。

图 6-153   起伏变化的屋面 2

图 6-154   室内空间

图 6-151   融入环境的有机造型

图 6-152   起伏变化的屋面 1

图 6-155   不同曲面的交织

案例 3　老海勒鲁普高中体育馆

建筑师：BIG architects
工程设计：EKJ-Flemming Tagmose
建筑面积：1100m²
竣工时间：2013 年

　　设计师 Bjarke Ingels 在自己的高中母校 Gammel Hellerup High School 对运动场地进行了改建，包括一座面积 1100m² 的地下多功能厅和在地面上非正式的弧形甲板聚会区。BIG 将体育建筑放在了地下，露出地面的部分做成起伏的木甲板，成为地下建筑的屋顶，弧形曲线木质屋顶是体育场馆的显著特征（图 6-156 至图 6-161）。

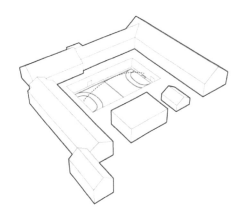

图 6-158　运动场与屋面关系示意

图 6-156　场地及环境

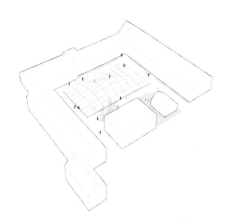

图 6-159　户外景观及绿化示意

图 6-157　运动场屋顶弧形甲板聚会区

图 6-160　地下多功能运动场

室外的弧形木甲板作为非正式的聚会场所，甲板上有长凳和零散的独凳，可以适应各种活动。设计成功地使场地地成为学生活动和交流的中心，增加了校园活力（图6-162）。夜晚的灯光，使得这一交流场所更具吸引力（图6-163，图6-164）。

图 6-161   屋面景观

图 6-162   弧形屋面营造的交流空间

图 6-163   屋面休闲景观夜景 1

图 6-164   屋面休闲景观夜景 2

案例 4　法国科西嘉岛木制斗篷式屋顶住宅/France Cloak roof residential landscape

设计公司：Vincent Coste

　　著名建筑事务所 Vincent Coste 在法国西嘉岛设计了一套 400m² 的木制斗篷式屋顶住宅，设计师打破了以往传统封闭式住宅的形式，将大部分空间暴露在外，使建筑与大自然直接接触。住宅所采用的条木与自然环境融为一体，大量的木元素更展现出该建筑的纯朴气息(图 6-165 至图 6-170)。

图 6-168　屋顶纯朴木质材料

图 6-165　俯瞰住宅屋顶

图 6-166　木制斗篷式屋顶与环境的融合 1

图 6-169　木制屋顶下的休息空间 1

图 6-167　木制斗篷式屋顶与环境的融合 2

图 6-170　木制屋顶下的休息空间 2

6.8.2 木材应用于建筑立面

案例 1 法国 Liryc 研究中心

项目地点：FRANCE-PESSAC
设计公司：DAARCHITECTES
竣工时间：2015 年

Liryc 是一栋集科研、教学和理疗为一体的心脏病研究中心，纯净的白色和温暖的木材营造了平静的外部形象。借助建筑立面的木栅，形成窗面与栅板的交错，律动的外观高低起伏使建筑极富韵律感。这种韵律也延伸至建筑内部，暖色调的木梁和白色的天花板交错出现在室内空间，让素雅的房间平添活力。建筑材料及建筑的色调关系，使研究中心的空间氛围平静温馨（图 6-171 至图 6-174）。

图 6-171 律动的木栅格立面

图 6-172 不同的木元素形成的立面变化

图 6-173 素雅的建筑立面

图 6-174 建筑内部延续的韵律感

案例 2　悉尼"置换"多功能公共建筑

项目地点：Sydney，Australia
设计公司：Kengo Kuma and Associates
总建筑面积：6680m²
设计时间：2015 年 1 月—2017 年 8 月
建设时间：2017 年 8 月—2019 年 9 月

该项目是由隈研吾建筑都市设计事务所设计的一座多功能公共性建筑，由公共图书馆、儿童关怀中心及商业空间构成，是悉尼达令港（Darling Harbor）活动区大型城市发展计划中的一部分。

项目场地位于高楼大厦之间，属于被几何感强烈的建筑群所包围的口袋型空间（图 6-175）。"置换"项目的城市设计策略旨在创建与周边广场及城市肌理和谐的建筑形式，并使建筑与景观结合，用天然材料打造有形且舒适的建筑，营造出亲人尺度的空间氛围（图 6-176）。

项目被住宅区包围，住宅区较低楼层为零售店，吸引了大量人流，场地成为区域内的一个重要节点。该项目设计选择了无方向性的圆形建筑形式，人们可以从各个方向进入建筑，激活了达令广场周边社区（图 6-177）。

木材构建了建筑的外立面，建筑以原始且有趣的方式，让有机且自然生长的木栅包围着建筑（图 6-178），使建筑呈现出自然柔软的质感。

图 6-177　木构空间延伸至广场

图 6-175　被木搁栅包裹的建筑

图 6-176　尺度亲切的空间氛围

图 6-178　木制外立面细部

6.8.3　木材应用于建筑室内

案例 1　北京保利珠宝展厅

建筑师：陶磊
项目合伙人：康伯州
面积：150m^2
竣工时间：2014 年

保利珠宝展厅的室内设计从自然形态中吸取灵感，旨在创造时尚与先锋的艺术氛围。在空间的布局上创造性地利用连贯的非线性木质内衬，退让出展示与服务空间。两种空间互为内外，形成了多变的极简空间(图6-179)。为营造出更具人文特色的珠宝展示效果，选用了纯实木建造主体，将原始森林的气息带入现代都市，室内立面镶嵌少量的金属与透明亚克力，是构造的需要，也与珠宝工艺形成一种默契(图6-180 至图6-182)。

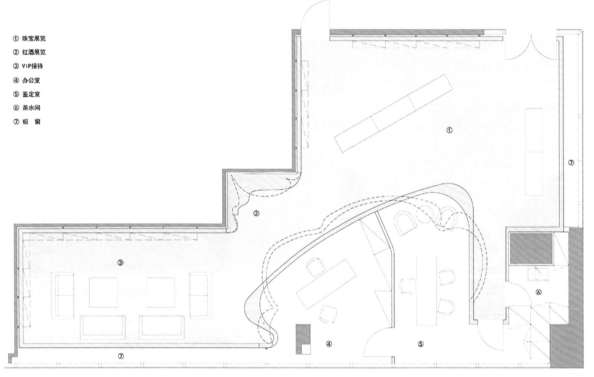

① 珠宝展览
② 红酒展览
③ VIP接待
④ 办公室
⑤ 鉴定室
⑥ 茶水间
⑦ 橱 窗

平面图 / Floor plan

图 6-179　珠宝厅平面图

图 6-180　纯木室内装饰墙面 1

图 6-181　纯木室内装饰墙面 2

图 6-182　丰富多变的室内空间

案例 2 西班牙望寿司餐厅 Masquespacio

创意总监：Ana Milena Hernández Palacios
创意设计：Nuria Martínez
建筑师：VirgíniaHinarejos
室内设计：Masquespacio
平面设计：Jairo Pérez，Ana Diaz
面积：233m²
竣工时间：2014 年

　　"Nozomi"寿司餐厅的设计是由西班牙创意工作室 Masquespacio 完成的。这座 233m² 的日式餐厅在室内设计上将"日式风情"和"当代理性"巧妙结合，营造了独特的质感。混凝土和灰色墙壁以及木工技艺的引入，体现出极简纯朴的设计理念，天然木材与屋檐等搭配，将浓郁的日式风情表现得淋漓尽致（图 6-183，图 6-184）。天花板上的樱花艺术品仿若自然绽放的樱花，让顾客体验到在室内小环境仿佛漫步于日本街头的情感。木材的自然和温暖表达了日本自然的生活方式（图 6-185 至图 6-187）。

图 6-185　室内樱花装饰

图 6-183　独特的日式风情餐厅入口

图 6-186　温暖的就餐环境

图 6-184　餐厅室内天花木质装饰

图 6-187　木质室内空间

6.9　城市景观小品及建造节

　　木材具有轻质、便于建造的特性，不同的营造方法可以形成不同的空间形态。除了上述案例中提到的跟建筑密切相关的应用，在城市空间、建筑小品、公共装置中也常常可见木材的身影。通过对木构件的设计和组合，可以演绎出新型的木构小品和特殊的空间（图6-188至图6-191）。

　　近年来，很多大学通过木建造节来锻炼学生认知材料、感知空间的能力，木材还可以通过数控技术营造出更多的可能空间，对于城市空间的探索起到积极的辅助作用。大学生建造节的活动是探索木结构性能、结构以及可持续发展很好的途径（图6-192至图6-202）。

图6-188　木构小品1

图6-189　木构小品2

图6-190　木构小品3

图6-191　木构小品4

图6-192　木建造节1

图6-193　木建造节2

图 6-194 木建造节 3

图 6-195 木建造节 4

图 6-196 木建造节 5

图 6-197 木建造节 6

图 6-198 木建造节 7

图 6-199 木建造节 8

图 6-200 木建造节 9

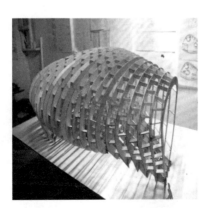

图 6-201 数控技术建造模型 1

图 6-202 数控技术建造模型 2

6.10　未来木建筑

在日新月异的技术发展和材料科学研究的基础上,木结构建筑正以更加崭新的面貌走进我们的生活。未来的木结构建筑将挑战新的高度,低碳、绿色、可装配的木结构也将发挥其不可替代的作用,木建筑的未来将会展现更加综合的科学技术与工艺。

案例1　城市中的垂直农场

项目名称:The Farmhouse
项目类型:Residential, Farming
设计公司:Studio Precht
项目合作伙伴:Chris Precht, Fei Tang Precht
设计时间:2017 年

2017 年,Studio Precht 研究开发了一个模块化的建筑系统,用于研究人类与食物之间的关系,并通过该系统设计了一个将木结构建筑与农业联系起来的大楼,垂直农场将城市区域打造为农村有机循环的一部分(图6-203)。设计尝试重新构建建筑和农业之间的关系,将其变为互惠互利、相辅相成的概念。

对于新型城市及住宅系统来说,有机农业、社会性采购和"从农场到餐桌"等策略因素至关重要。城市成为农村有机循环的一部分,以满足人口对食物的需求,同时保证食品安全。如果可以将食物的生长空间限定在一个区域内,那么供应链和包装链便可以适当地缩减。

堆叠形式的种植花园使得人们可自然地完成城市生态的自我复原。垂直农场可以在占地面积相同的情况下,提高每片种植区的产量。室内的温室气候则可以使农作物免受不同天气状况的影响,同时为不同的植物提供不同的生态系统(图 6-204,图 6-205)。

建筑师所构想的农场项目在建筑内部产生了一个附属的有机生命周期,即一个过程的产出可作为另一个过程的原料:建筑物所产生的大量热可以被土豆、坚果和豆类植物等利用,促进其生长;水处理系统可以过滤雨水和洗涤水,并将营养素注入其中,再将处理后的水体循环回温室内;食物垃圾则可以通过建筑的地下室进行回收和处理,将其变成肥料,以促进更多农作物的生长和产出。

图 6-203　木材和植被构建出的垂直农场

图 6-204　垂直农场创造出堆叠形式的种植花园

项目在建筑层面上的表达也使得这种生态系统得以延续。树木为农场提供了主要的建筑材料。项目的模块化结构系统、饰面和花架花槽皆由正交胶合木木板构成，制造精确，易于运输和安装。

农场项目由一个完全模块化的建筑系统组成，预制过程在场地之外进行，待完成后，将每一块木板水平叠放，由卡车运至基地。这种预制的模块化建筑构件缩短了整个施工周期，也减小了对周边环境造成的影响。建筑系统采用传统的 A 字形结构框架，同时与传递建筑荷载的斜肋构架相连，倾斜的墙体为住宅外部的种植需求提供了空间，同时在不同的单元之间创造出一个 V 字形的缓冲区（图 6-206）。

住户可以将这个 A 字形框架的空间进行组合，对于独栋住宅来说，建筑系统为住户提供了一种设计思路，住户可以根据对生活空间和耕种空间的需求，自行设计自己的空间。比如，住户们可以从结构和花园系统、废物处理单元、水处理系统、水耕法以及太阳能系统等中任选一项或几项，通过不同的排列组合创造出一系列具有灵活性的空间布局。此外，DIY 的设计手法在本项目中也发挥着至关重要的作用。A 字形框架有助于花园空间的形成，也使得室内环境享有自然采光和自然通风，住户可以根据他们自己想要的空间布局进行小屋的建设，从而打造出一种自给自足的、真正舒适的居住环境（图 6-207 至图 6-210）。

图 6-205　种植花园实现了城市生态的自我复原

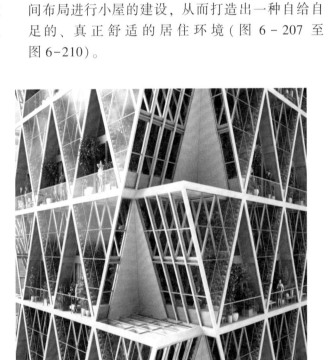

图 6-206　在倾斜的墙壁上种植绿植

图 6-207　A 字形结构框架组合可形成一个独栋住宅

图 6-208　A 字形结构框架组合形成社区型空间 1

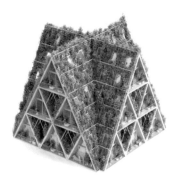

图 6-209   A 字形结构框架组合形成社区型空间 2

图 6-210   A 字形结构框架单体构成的生活空间

　　农场的花园不仅可以作为居民的私人空间进行种植活动，还可以服务于社区空间，住户可以共同耕种，获取所需的蔬菜和草药等。收获季节，人们可以在大楼下层的室内农贸市场中共享或出售自己收获的果实，还能够以单座建筑内的生态循环为核心，在大楼内设置地窖和肥料单元。室内教育空间和居住空间在 A 字形结构框架下也显得丰富生动（图 6-211 至图 6-216）。

　　农场项目将建筑视为生态系统的一部分，是一个生长并呼吸着的生命建筑，将建筑融入到更大范围的城市环境中，同时也将木结构建筑的装配性、低碳性和环保性特点发挥到极致。这样的建筑如果"种植"在我们的城市环境中，将很大程度地改变我们的生活，同时也将极大丰富木结构建筑的内涵和外延。

图 6-211   农场花园室内 1

图 6-212   农场花园室内 2

图 6-213   大楼下层的室内农贸市场 1

图 6-214   大楼下层的室内农贸市场 2

图 6-215   室内教育类空间

图 6-216   室内居住空间

案例 2　法国 Ecotone

设计公司：Triptyque，Duncan Lewis，PARC，OXO.

Triptych 建筑事务所、Duncan Lewis 建筑事务所、Park 建筑事务所和 OXO 建筑事务所近期公布了由他们共同设计的位于法国阿尔克伊的欧洲最大的木结构建筑设计方案。该项目名为 Ecotone，位于巴黎南部的 Coteau 地区，是一个用于连接城市和风景区的多功能空间。

"Ecotone"的名字来源于两个生态系统之间的过渡区域，在生物学中被称为"生态圈"。这一核心概念是在城市开发与大自然之间建立起一个新的界面。设计上采用了两个连体山丘的形式，山丘上面种植了树木，旨在重新思考可持续发展的城市和自然森林的未来（图 6-217 至图 6-220）。

图 6-217　Ecotone 外观

图 6-218　外部形态局部

图 6-219　Ecotone 立面图

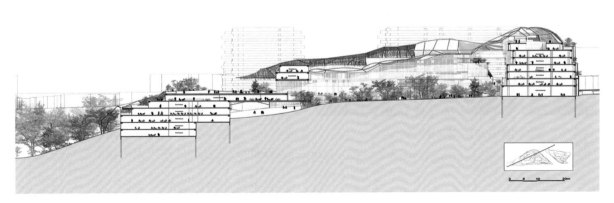

图 6-220　Ecotone 剖面图

根据仿生学原理，项目设计了可以根据天气打开和关闭的墙壁、一个可透气的薄型屋顶和可调节温度的天井。项目建筑面积为 8.2 万 m²，建成后可以为 5000 多人提供工作空间和住房，建筑还包括了办公室、酒店、餐厅、商店和体育馆（图 6-221，图 6-222）。Ecotone 的建成将成为欧洲最大的木结构建筑，Ecotone 的目标是成为巴黎的象征，并致力于应对气候变化。

图 6-221　内部空间联系

图 6-222　内部景观

案例 3　日本 W 350 工程木制摩天楼

建筑设计公司：Nikken sikkei

日本公布了即将建造世界上最高的木制摩天大楼的计划。这座高楼建成后高达 350m，将于 2041 年完工，成为日本最高的建筑。位于东京市中心的这座耗资 59 亿美元的建筑旨在将日本首都打造成一个环境友好型城市，并力图"把这座城市改造成森林"。建筑由总部位于东京的建筑公司 Nikken sikkei 设计，将由日本最大的商业集团之一住友集团（Sumitomo Group）的林业部门负责建造。

除了办公室、酒店、商店和住宅单元外，这座大楼还有充满自然光的大型内部开放空间。目前该建筑被称为 W350 工程，以其高度命名。这座 70 层的建筑由木材和钢铁组成，建筑材料的 90% 将由木材组成（图 6-223 至图 6-226）。

图 6-223　摩天楼外观

图 6-224　摩天楼立面细部

图 6-225　摩天楼内部空间 1

图 6-226　摩天楼内部空间 2

案例 4　芝加哥 80 层滨河木塔

设计公司：Perkins+Will 建筑事务所

Perkins+Will 的建筑师们与 Thornton Tomasetti 的工程师们合作，对芝加哥滨河 80 层大型高层木构建筑进了行概念化设计。方案的特点是利用木材的自然轴向强度，在外立面使用斜交网格系统（图 6-227 至图 6-229）。

设计师研究发现，木材—混凝土混合系统在钢结构混合系统的辅助下，可以承受 8 倍于所需负荷的重量，这种混合系统在处理墙面的凹陷、间隔以及地板开洞等方面具有广阔的市场前景。由于木材本身的潜力，该项目的研究正在重新定义木材及混合结构的可能性（图 6-230 至图 6-231）。

图 6-229　立面细部

图 6-227　芝加哥滨河木塔外观

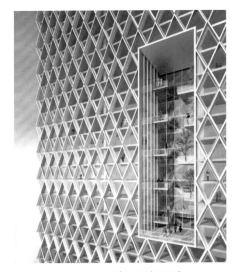

图 6-230　墙面细部设计

图 6-228　斜交网格系统

图 6-231　室内空间意向图

通过上述案例分析可以发现，世界各国对于木结构建筑设计及技术的探索一直没有停止过，木材由于其材料特性，能够在满足不同建筑功能的同时实现建筑形态的多元化和自由性。建筑技术的不断提升使得多高层木结构建筑得到快速发展。据不完全统计，截至目前，全球已经建成和正在或规划建造的超过七层的木结构项目有超过 30 个，4~6 层的项目数量更为庞大。木结构建筑应用广泛，涵盖从住宅、公寓、酒店等多种类型建筑。表 6-1 列举近年来多高层木结构已完工及拟建项目。

表 6-1　近年来多高层木结构完工及拟建项目

项目名称	地点项目	高度（m）	层高	状态	完工时间
25 King	澳大利亚布里斯班	52	9	已完成	2018
HAUT	荷兰阿姆斯特丹	73	21	审批通过	2020
HSB 2023 · VASTERBROPLAN	瑞典斯德哥尔摩	112	34	项目方案	2023
Arbora	加拿大蒙特利尔	N/A	8	已完成	2019
Mjostarnet	挪威 Brumunddal	81	18	已完成	2019
HoHo Vienna	奥地利维也纳	84	24	已完成	2018
Skeleftea Kulturhus	瑞典斯盖乐夫提	76	19	审批通过	2020
Hyperion	法国波尔多	57	17	审批通过	2020
The Cube Building	英国伦敦	33	10	已完成	2015
Dalston Works	英国伦敦	33	10	已完成	2017
55 Southbank Boulevard	澳大利亚墨尔本	74	10	已完成	2019
Silva	法国波尔多	50	18	审批通过	2020
Carbon 12	美国波特兰	85	8	完工	2017
77 Wade Avenue	加拿大多伦多	N/A	7	项目方案	N/A
Ellerslie Crescent	美国哥拉斯哥	23	7	已完成	2017
T3	美国明尼阿波利斯	N/A	7	已完成	2016
Framework	美国波特兰	45	12	已完成	2019
Origine	加拿大魁北克城	41	13	已完成	2017
Treet	挪威卑尔根	49	14	已完成	2013
Brock Commons Tallwood House	加拿大温哥华	54	18	已完成	2017
Toronto Tree Tower	加拿大多伦多	62	118	项目方案	N/A
Baobab	法国巴黎	120	35	项目方案	N/A
River Beech Tower	美国芝加哥	228	80	项目方案	N/A
Brewery Blocks Tacoma	美国西雅图	42	14	已完成	2018
Leadlight Hotel	澳大利亚珀斯	40	10	已完成	2019
W350	日本东京	350	70	项目方案	2041

木结构建筑由于其特殊的保温节能和抗震性能，长期使用有着很好的经济效应。环境条件相同的情况下，木结构房屋的能耗比混凝土房屋低20%以上。相同墙体厚度，木结构墙体的保温性能是混凝土的 7 倍以上。且木构件质量轻，相同体量的木结构构件只有钢筋混凝土结构构件重量的 1/4到 1/6，采用木材作为建筑材料是实现绿色环保和可持续发展的良好途径。

木结构建筑以其建造容易、环境友好、节能环保、低碳绿色、贴近自然等诸多优点，深受人们的喜爱。在很多发达国家，民居建筑中已普遍推广了现代木结构住宅，各种新材料、新技术得到了广泛应用。随着建筑科技水平的日益成熟，木结构正向着功能复杂性、结构复杂性和高度突破性的方向发展。功能及体系的日益多样化，给设计师带来更为广阔的创作空间，低碳、绿色、可装配技术的推广和应用也将为木结构建筑的环境友好及可持续发展奠定良好的基础，相信未来木结构建筑将在不同领域发挥不可替代的作用。

小结

通过不同功能类型的木结构建筑实际案例的分析可以看出，木建筑在日新月异的技术发展和材料科学研究的基础上，正以更加崭新的面貌走进我们的生活，木结构建筑功能及体系的日益多样化，给设计师带来更为广阔的创作空间，也为环境的可持续发展奠定了良好的基础。未来的木结构建筑将挑战新的高度，展现更加综合的科学技术。

思考题

1. 通过案例对比分析木建筑在环境友好中的作用及意义。

2. 从可装配角度分析木建筑的发展前景。

3. 分析木结构建筑在多高层建筑中的应用前景。

延伸阅读

1. 张兆好，齐英杰，胡万明，等. 中国木结构建筑的发展之路[A]. 2010 国际木结构建筑产业新技术交流大会暨展览会论文集，2010.

2. 刘杰. 木建筑：第 1 辑[M]. 北京：科学出版社，2017.

3. 何敏娟，倪春. 多层木结构及木混合结构设计原理与工程案例[M]. 北京：中国建筑工业出版社，2018.

4. 李丽. 木艺建筑：创意木结构[M]. 南京：江苏凤凰科学技术出版社，2016.

参考文献

白化奎，2009. 发展轻型木结构住宅的几点建议[J]. 林业科技(34)：55-57.

陈平，2006. 外国建筑史：从远古到 19 世纪[M]. 南京：东南大学出版社.

费本华，刘雁，2011. 木结构建筑学[M]. 北京：中国林业出版社.

傅朝卿，2005. 西洋建筑发展史话[M]. 北京：中国建筑工业出版社.

郭伟，费本华，陈恩灵，等，2009. 我国木结构建筑行业发展现状分析[J]. 木材工业(3).

何敏娟，等，2018. 木结构设计[M]. 北京：中国建筑工业出版社.

何敏娟，倪春，2018. 多层木结构及木混合结构设计原理与工程案例[M]. 北京：中国建筑工业出版社.

黄书韵，段静，邱少雅，等，2014. 现代木结构建筑在我国发展的阻力与机遇[J]. 企业技术开发.

李丽，2016. 木艺建筑：创意木结构[M]. 南京：江苏凤凰科学技术出版社.

刘敦桢，1980. 中国古代建筑史[M]. 北京：中国建筑工业出版社.

刘杰，2017. 木建筑：第 1 辑[M]. 北京：科学出版社.

刘雁，刁海林，杨庚，2013. 木结构建筑结构学[M]. 北京：中国林业出版社.

刘元强，朱典想，沈金祥，2008. 木结构住宅的期待[J]. 木工机床(26)：16-18.

吕建国，2012. 国内外木结构建筑发展研究[J]. 上海建材，22(2)：37-38.

彭磊，邱培芳，张海燕，等，2012. 多层木结构建筑防火要求及应用现状[J]. 消防科学与技术(2).

秦曙，张姿，章明，2018. 杨树浦驿站"人人屋"——复合木构的实践[J]. 建筑技艺(11)：26-33.

日经建筑，2019. 世界木造建筑设计[M]. 王维，译. 天津：天津凤凰出版传媒集团.

王桂荣，2009. 我国现代木结构房屋现状及前景[J]. 木材加工机械(36)：35-36.

王其钧，2007. 中国建筑图解辞典[M]. 北京：机械工业出版社.

王受之，2013. 世界现代建筑史[M]. 2 版. 北京：中国建筑工业出版社.

威尔·普赖斯，2016. 木构建筑的历史[M]. 杭州：浙江人民美术出版社.

吴必龙，李颖，2008. 木结构建筑的节能和防火性能分析[J]. 林业科技(3)：78-79.

谢力生，2013. 木结构材料与设计基础[M]. 北京：科学出版社出版.

邢君，2012. 木结构建筑防火技术研究[J]. 建材技术与应用(12)：10-12.

许建华，杨会峰，陆伟东，2011. 中国传统木结构在继承和创新发展中的问题分析[J]. 木材工业，25(5)：20-23.

张芳敏，2011. 轻型木结构旅馆建筑防火技术探讨[J]. 福建建材(9).

张宏建，费本华，2013. 木结构建筑材料学[M]. 北京：中国林业出版社.

张兆好，齐英杰，胡万明，等，2010. 中国木结构建筑的发展之路[A]. 国际木结构建筑产业新技术交流大会暨展览会论文集.

赵广超，2006. 不只中国木建筑[M]. 北京：生活·读书·新知三联书店.

14J924 木结构建筑标准图集[S]. 北京：中国计划出版社，2015.

GB 50005—2017 木结构设计规范[S]. 北京：中国建筑工业出版社，2018.

GB 50016—2015 建筑设计防火规范[S]. 北京：中国计划出版社，2015.

GB 50206—2012 木结构工程施工验收规范[S]. 北京：中国建筑工业出版社，2012.

GB/T 2761—2011 防腐木材的使用分类和要求[S]. 北京：中国标准出版社，2011.

GB/T 27651 防腐木材的使用分类和要求[S]. 北京：中国标准出版社，2011.

GB/T 27654—2011 木材防腐剂[S]. 北京：中国标准出版社，2011.

GB/T 50708—2012 胶合木结构技术规范[S]. 北京：中国建筑工业出版社，2012.

GB/T 51223—2016 装配式木结构建筑技术标准[S]. 北京：中国建筑工业出版社，2016.

GB/T 51226—2017 多高层木结构建筑技术标准[S]. 北京：中国建筑工业出版社，2018.